内田道雄
文・写真

燃える森に生きる

インドネシア・スマトラ島
紙と油に消える熱帯林

新泉社

燃える森に生きる❖目次

インドネシア全図とスマトラ島

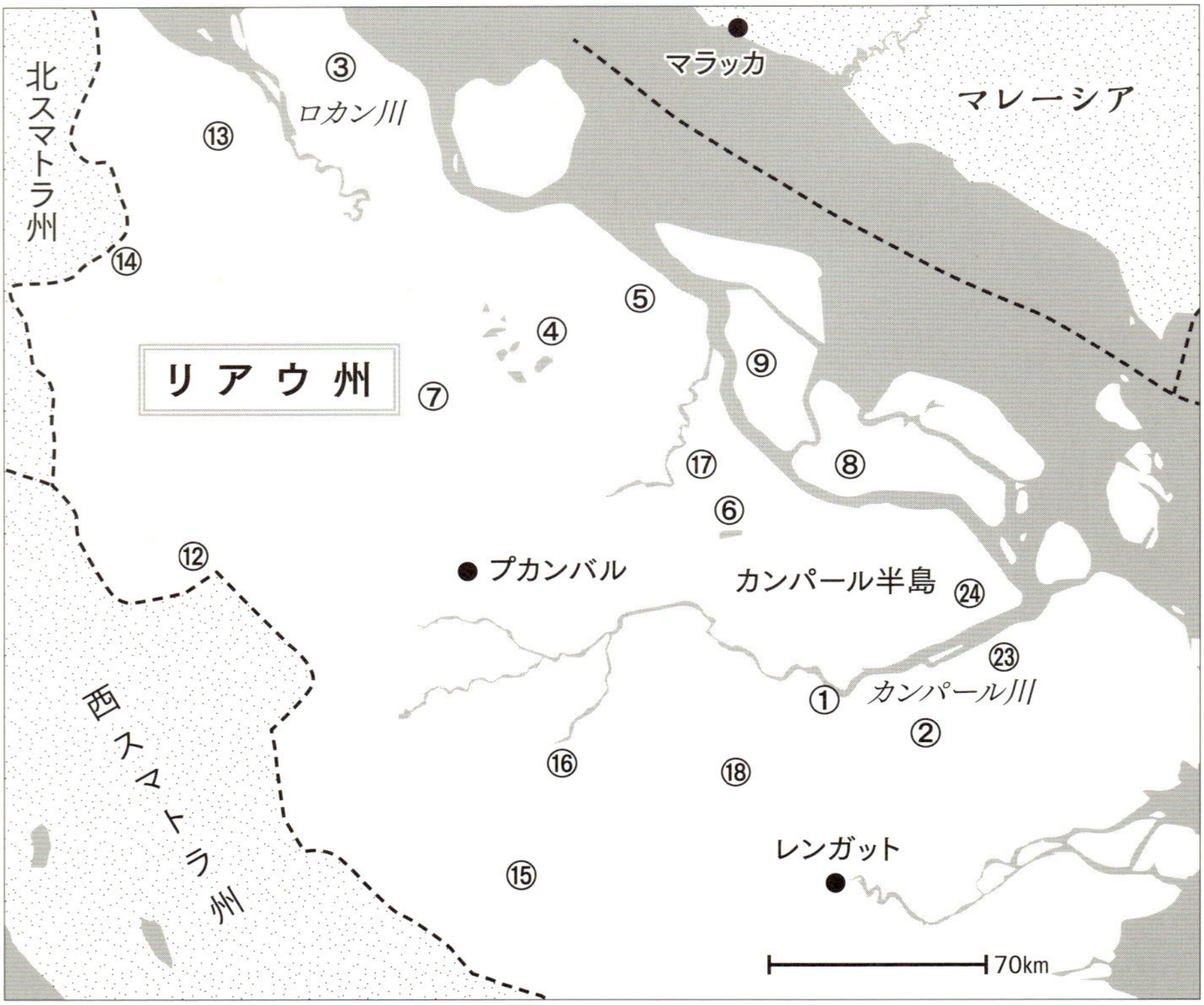

第Ⅰ章

① テルック・メランティ村

② クルムータン村

第Ⅱ章

③ セネピス

④ ギアム・シアク・クチル

⑤ ブキット・バツ

⑥ ザムルッド

第Ⅲ章

⑦ スルック・ボンカウ村

⑧ トゥビン・ティンギ島

⑨ パダン島

第Ⅳ章

⑫ バンダル・ピチャック村

⑬ バンタイヤン村

⑭ バタン・クム村

⑮ プチュック・ランタウ

⑯ タンブン村

⑰ ドサン村

⑱ アマナ組合

第Ⅵ章

㉓ セガマイ村

㉔ 村落林

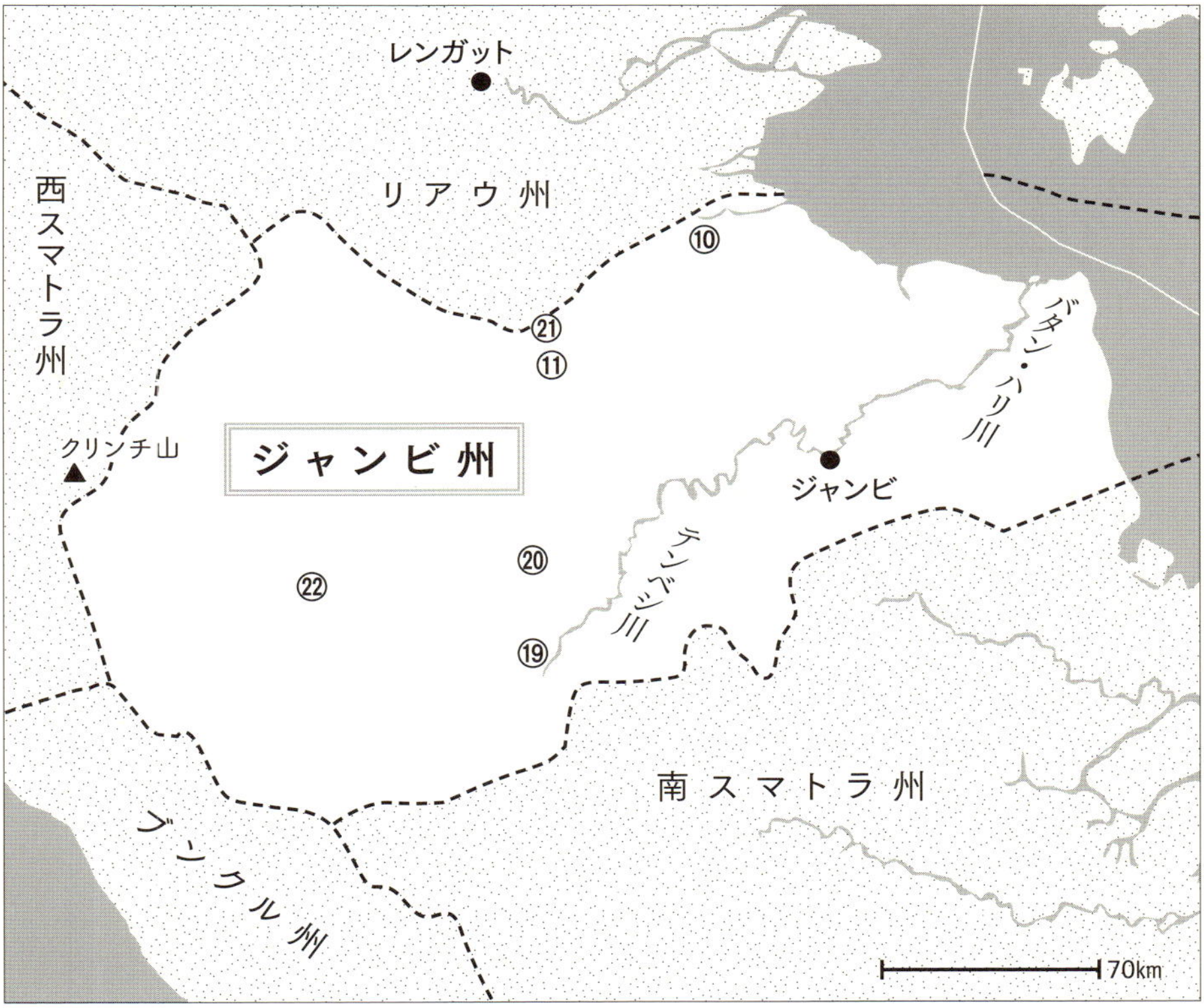

第Ⅲ章

⑩ スンガイ・ランダック村

⑪ ルブック・マンダルサー村

第Ⅴ章

⑲ パムナン

⑳ ブキット・ドゥアブラス国立公園

㉑ ブキット・ティガプル国立公園

第Ⅵ章

㉒ ググック村

インドネシアの紙・板紙，パルプ，生産量，輸出量
（『紙パルプ　日本とアジア』より）

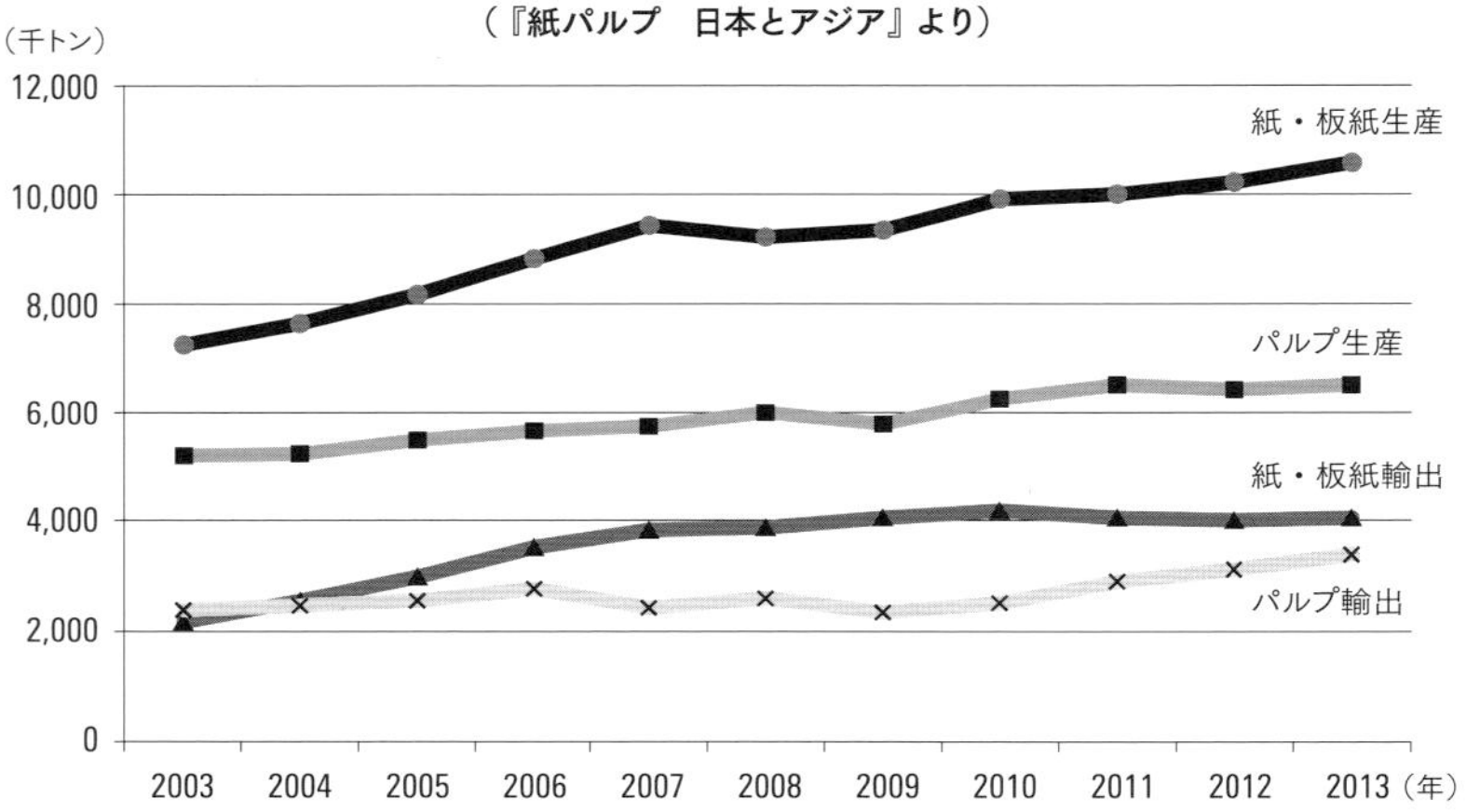

世界の植物油生産量
（『我が国の油脂事情』より）

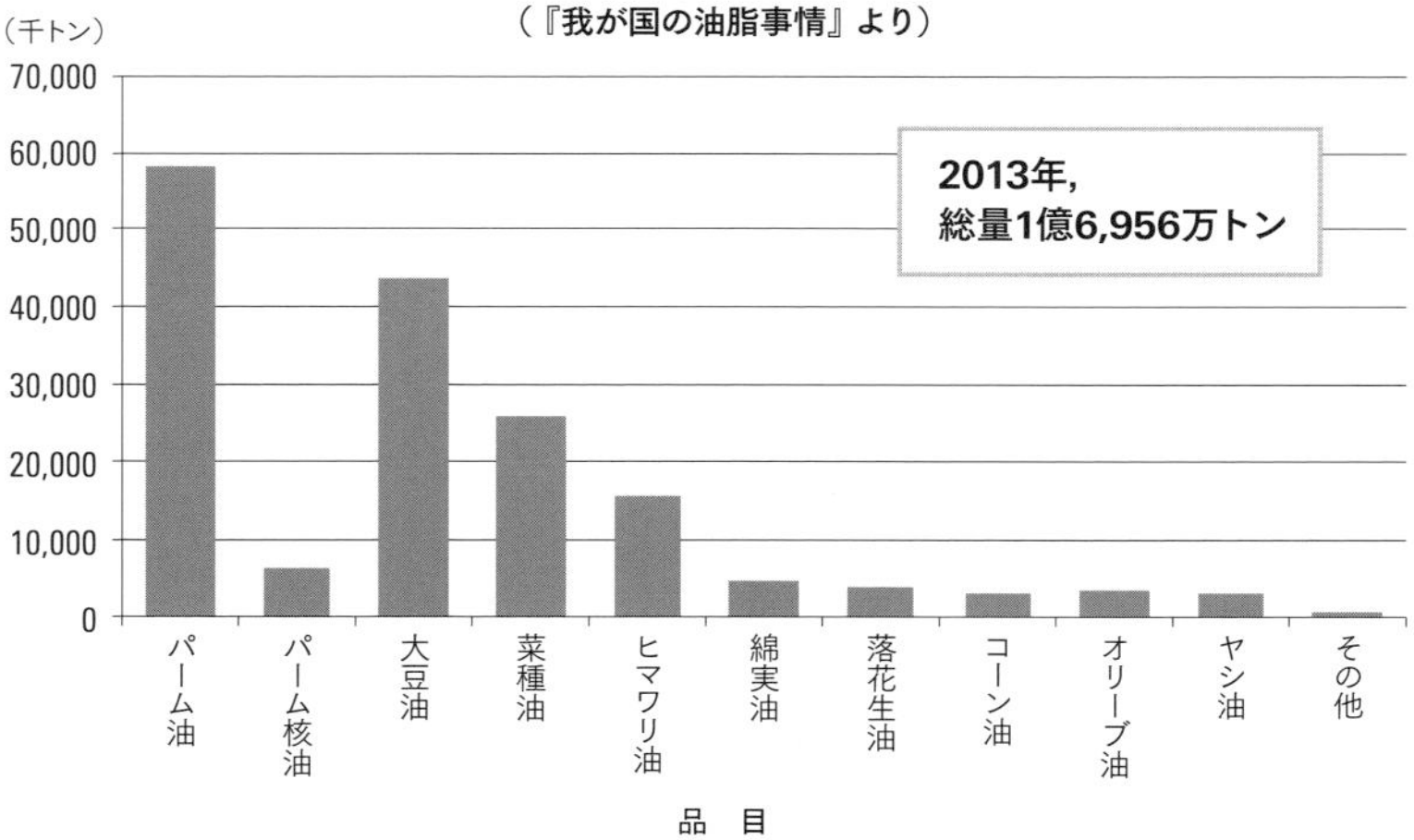

国別パーム油生産量
（『オイルワールド年鑑』より）

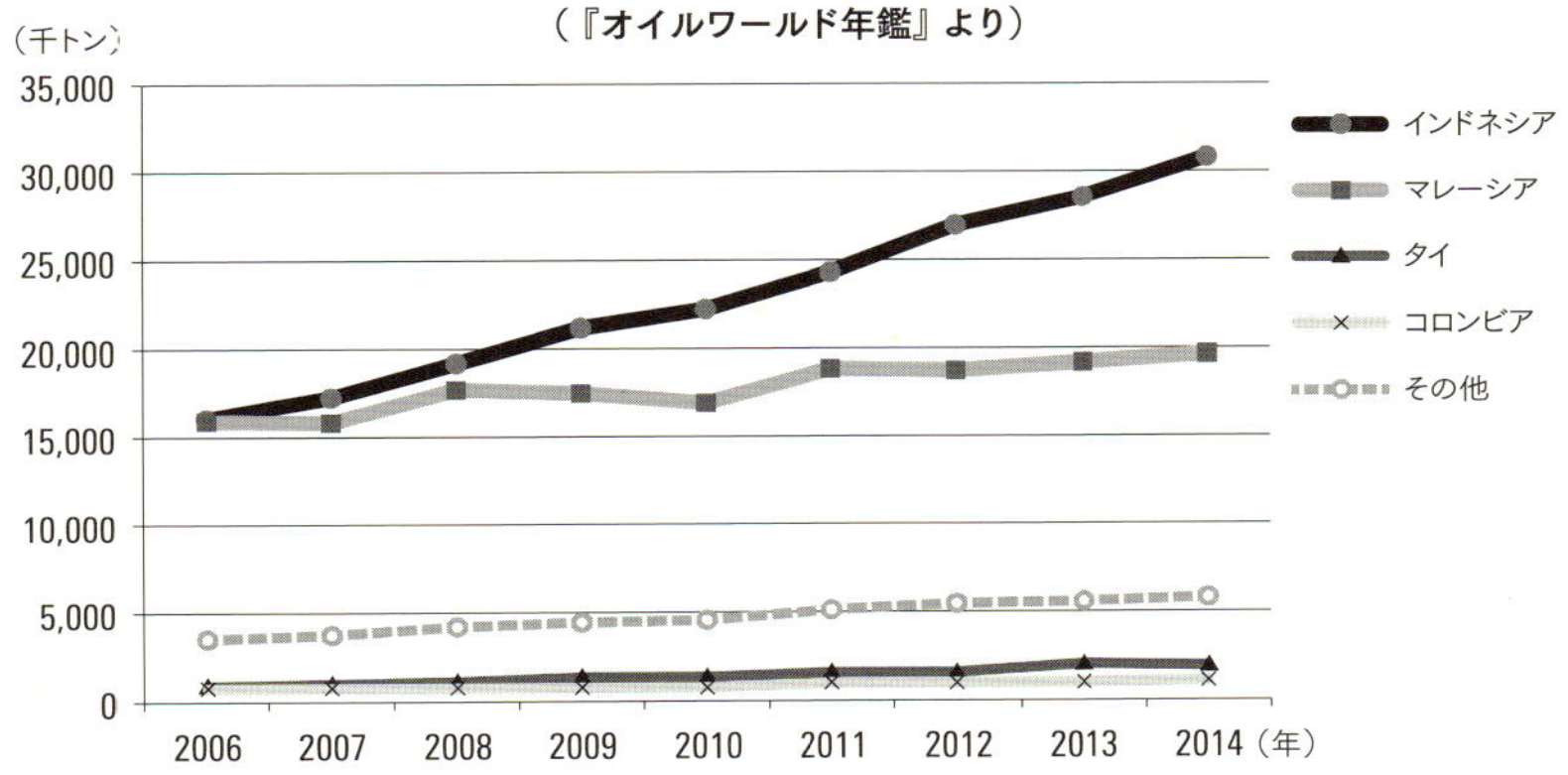

国別パーム油需要
（『オイルワールド年鑑』より）

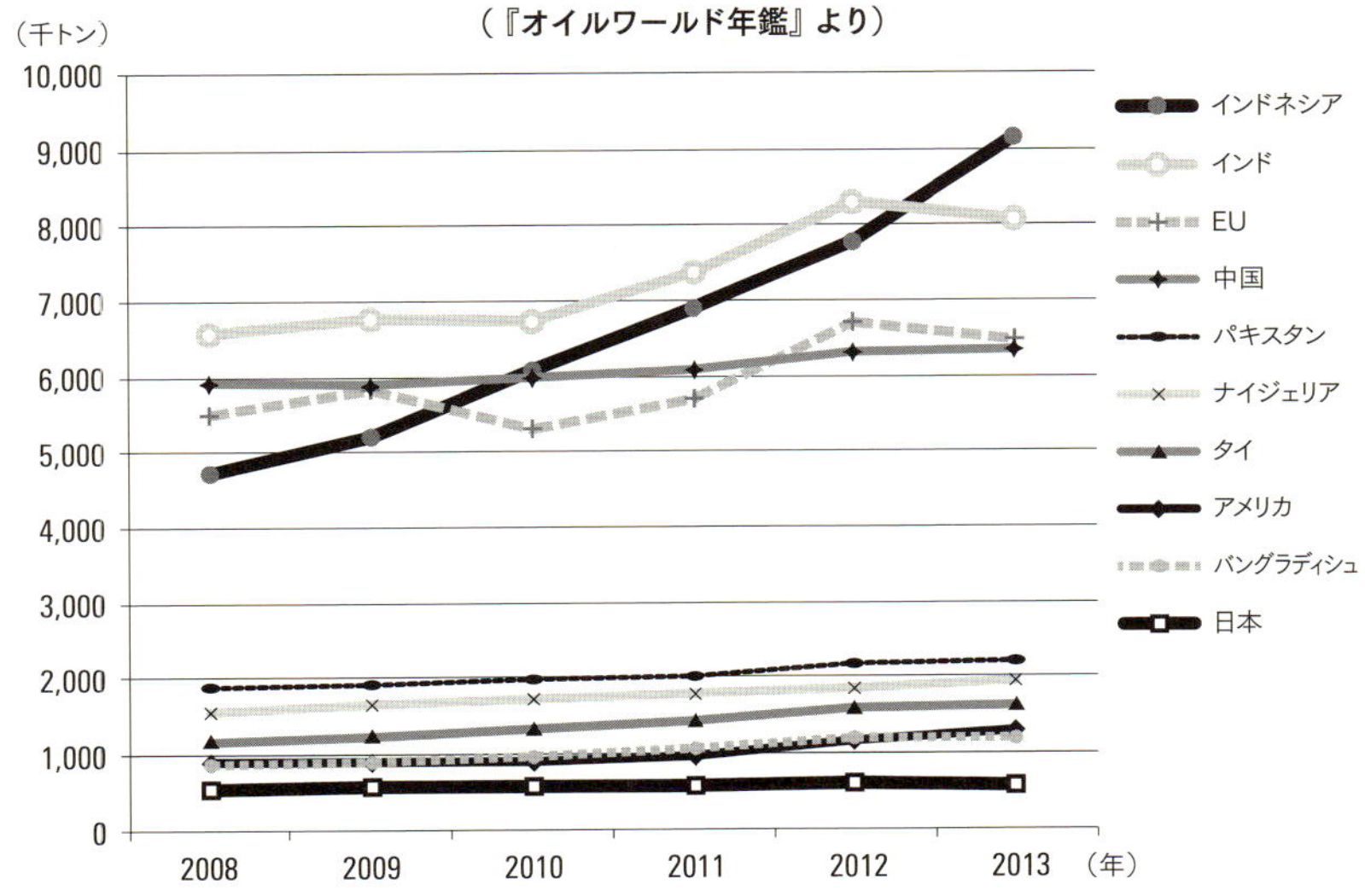

❖装幀——藤田美咲

プロローグ

◉──思わぬ問い合わせ

それは二〇〇八年の八月だった。この年の夏も、連日うだるような暑さが続いていた。そんな折、知り合いの環境NGOに勤めるスタッフから問い合わせがあった。

「内田さん、泥炭湿地の写真って持ってますか？　もしあるようなら、見せてほしいんですけど」

このとき「泥炭湿地」と聞いて、背筋がぞっとしたことを覚えている。私は熱帯林をとりまく問題に関心があり、東南アジアの森で取材を続けていた。この頃はすでに一五年くらいになっていたが、熱帯の森は興味深く、通えば通うほど新たな疑問が湧いてきて、決して退屈することはなかった。

そんな熱帯林好きの私だが、湿地林は正直に言うと好きではなかった。とくに泥炭地は歩きづらく、その中の川は浅いので船で進むことも難しい。湿度も高く、居心地は悪い。大きな木もなく、あまり目を引くものもない。さらにマラリアなどの風土病も多い。いわゆる瘴癘《しょうれい》の地なのだ。

いったい泥炭湿地林がどうなっているというのだろうか。何かが起こっているのなら、それを見に行きたいという気持ちを持った。だが、同時にいやな予感がした。この予感はあとになって思わぬかたちで当たることになる。

そして私はＮＧＯの事務所に、それまで訪れたことのある湿地林の写真を持って行った。それは二〇〇二年に撮影したカリマンタン島の海岸付近にある国立公園内の森だった。この頃は国立公園の森も伐採の脅威にさらされていた。

ＮＧＯのスタッフは、「スマトラ島のリアウ州では、泥炭湿地林が伐られて油ヤシ農園や紙の原料用の植林地に変わっているんです」と言う。

私は二〇〇二年と二〇〇三年にリアウ州を訪れたことがあった。そこでは製紙用の植林地を作るために森林が破壊されており、このことが森林を利用して暮らしている地元住民にどのような影響を与えているのかを取材するためだった。

だが、そのときは泥炭地までは足を運びはしなかった。訪れることが難しいというだけではなく、人間が生活するのに適していないため、住民がほとんどいなかったからだ。とうとうあんなところの森まで切られているのかと思い、私は暗澹たる気持ちになった。

◉──最も豊かな森

熱帯林は生物多様性が高いことで知られている。とくに降水量の多い熱帯雨林には生物種の半数以上が棲息しているといわれる。たとえば、これまでに名前が付けられている植物の六〇パーセント、昆虫の八〇パーセントが熱帯林で発見されている。

熱帯雨林はかつて地上の一六パーセントを占めていたが、現在では七パーセントにまで減っている。森がなくなればそこにしか生きられない生物は絶滅してしまう。人間は野生生物からさまざまな薬品など生活に必要な物を手に入れてきた。森とともに消えてしまう未知の生物の中には、人間の役に立つものもあるかもしれない。

このような利害関係を抜きにしても、私たち人間に他の生物を絶滅させることが許されるとは思わない。食物連鎖の頂点に立っている人間の命は、たくさんの生物によって支えられている。農業や畜産などで人工的に作った食料も、野生生物があったから利用できるようになった。地球上にさまざまな生物が存在してこそ人間も生きていける。

森林は生物の生息地としてだけでなく、地球規模の大気循環の調節、温暖化の防止、山岳地帯における保水や土壌流失の抑制など、多くの重要な働きがある。

熱帯林はアフリカ、南米にも存在する。だが、この二つの地域は氷河期に乾燥化し、生物多様性は下がってしまった。東南アジアの島嶼《とうしょ》地域は乾燥化が弱かったため、一億年以上にもわたって密林が存続している。そのため、世界でも最も生物多様性の高い地域となっている。まさに太古の森といえるところだ。私は熱帯林の中を歩いているとき、大木の影からいまにも恐竜が現れそうな気になることもあった。

◉——インドネシアの森

インドネシアは熱帯に位置し、生態系は非常に豊かだ。その国土は世界の一・三パーセントほどだが、全植物種の一一パーセント、哺乳類の一二パーセント、爬虫類および両生類の一五パーセント、鳥類の一七パーセントが存在する。

また、熱帯林には森とともに生きる人びとがいる。世界中で約二億人が森林産物に依存した生活をしている。インドネシアでは五〇〇〇万人ほどが森林地域で暮らしているといわれる。

森林地帯で生きる人びとは、自然を上手に利用して、持続可能な暮らしをしてきた。たとえば、森林を切り開いた焼き畑で、米や芋《いも》などさまざまな作物を作る。森に棲む野生動物を狩り、食料とする。川では魚を捕る。木材や籐《とう》を使い、いろいろな道具を作る。森林は生きるために必要なさまざまなものを与えてくれる。森は彼らにとってスーパーマーケットのようなものだ。

私は以前、ボルネオ（カリマンタン）島の奥地で自給自足の生活をする狩猟採集民に尋ねたことがあった。

「あなたたちはなぜ農耕をしないのですか？」

すると一人の女性が答えた。

「作物は神が植えるものです。私たちはそれを使わせてもらっているだけなのです」

森林で暮らす人たちは「森は命」と言う。私はこのとき、その意味がはっきりとわかった。

私たちはこの地球に生かされている生物の一つにすぎない。森林を失えば人間も生きてはいけないのだ。森とともに生きる民はそのことをわかっている。

ところが、この熱帯の豊かな森が急速に消えている。

一九九〇年にインドネシアには一億ヘクタールもの森林があった。これは国土の六割に当たる。この頃は熱帯林の面積はブラジルに次いで世界で二番目だった。だが、二〇一〇年までの二〇年間で二〇〇〇万ヘクタール、つまり二割ほどが消失した。消失率は年間一パーセントだ。すなわち、これが続くとインドネシアの森林は一〇〇年後にはなくなってしまうということだ。そして熱帯林の面積はブラジル、コンゴ民主共和国に次いで、世界で三番目になってしまった。

これはＦＡＯ（国連食糧農業機関）の調査によるものである。ところが森林の定義が定められたのは二〇〇一年になってからだ。それによると、森林とは「面積が〇・五ヘクタール以上で土地に対する樹冠面積が一〇パーセント以上。樹木が生長すると五メートル以上の高さに育つもの」とされている。この基準に則り、最近では人工衛星からの写真をもとに森林面積が求められている。だが、以前は各国政府からの申告により森林面積を算出していた。つまり、広大な地域の森林に関しては概算にすぎない。

また、政府の発表と実測では数値が異なることがある。インドネシア政府の公式な統計資料では、二〇一三年に国土の七一パーセントが森林地とされているが、実測では五二パーセントだ。

◉――スマトラの森

インドネシア西部にあるスマトラ島は、日本の一・三倍もある大きな島だ。全域が熱帯地域で、豊かな生態系を有している。スマトラ島で発見されている哺乳類は約二〇〇種で、インドネシアの中でも多くの種が棲む地域だ。また、大型哺乳類のトラ、ゾウ、サイ、そして類人猿であるオランウータンがほぼ同じ地域に生息するのは世界でもスマトラ島だけだ。

一九五〇年代には島の八割が森林に覆われていた。だが、一九八五年から二〇一一年の間に一三二〇万ヘクタールの森が消失した。二〇一一年の天然林の面積は一二一〇万ヘクタールで、島の面積の二五パーセントになってしまった。

◉――消える森の謎を解く

森林が消える原因はさまざまだが、インドネシアでよく見られる典型的なパターンはこうだ。まず商業伐採といわれる大規模な伐採が行われる。これは森林の樹木の中から商業的な価値のある一定以上の大きさの木を選んで伐採するものだ。この伐採は大木を切り出すのでいかにも森林消失の原因と考えてしまう。しかし、多様な樹木が混在している熱帯林には利益が得られる樹木は多くない。そのため、伐採地ではすべての木を伐らないので、森が消えることはない。また、インドネシアでは伐採した後に植林をすることを義務づけていた。そうすれば森はなくならず、植えた木が育ったらまた伐採して木材を使うことができる。しかし、伐採企業はこの規定を守らないことが多かった。

商業伐採をするために木材搬出用の道路が造られる。この道路は大きなトラックが通れるようによく整備されている。地元住民は生活道路として使っていることもある。だが、この道路を使って違法伐採、つまり盗伐が行われてしまう。商業伐採が終わった後もまだ売れる木が少しは残っている。それを目当てに生活に困窮した人などが森に入り、伐り出してしまう。大規模伐採用の道路を使えば、少人数でも伐採した木材を運び出すことができる。

この状態でも、かなり傷んではいるが森はまだ残っている。だが、さらに破壊は続く。大きな木はなくなり、隙間だらけとなった森は、すべての樹木を切り倒すのも難しいことではない。そこで農地を持たない人びとが焼き畑を開いてしまう。焼き畑とは、森の木を切り倒し乾燥させた後、火を放つ農法だ。土地は整地され灰は肥料になり、害虫や雑草が死ぬので農作物は作りやすくなる。

焼畑耕作は東南アジアで広く行われてきた。伝統的には開いた畑は数年しか使わない。まだ地力のあるうちに耕作を放棄するので、すぐにまた木々は生い茂る。そして充分に樹木が生い茂ってから伐り倒し、畑を作る。このような古くから行われてきた焼き畑は、伝統的な決まりにもとづいて行われている。決して無秩序に森林を伐採することはない。つまり、森を循環して使うので森林は消失しない。焼畑耕作は、人口密度が少なければ熱帯地方に適した農法だ。だが、焼畑耕作では一世帯あたり二〇ヘクタールほどの森林が必要といわれる。そして、インドネシアでは人口の増加から充分な休耕期間をとれないこともある。

また、伝統的な農法を知らない人びとは、開いた畑を長期間使おうとする。そこで農薬や肥料も使い、コショウやバナナ、キャッサバ芋など換金作物を作る。こういった焼き畑地は、自然にあった地力が失われ、作物が作れない不毛の地となってしまう。チガヤ類の草原になると、乾季には火災に見舞われる。乾いた草は燃えやすく、新たに開かれた焼き畑の火が延焼することも多い。こうなると、元の森林に戻るのにどのくらいの時間がかかるのか想像もつかない。

森がなくなる過程に関わる人は皆、別々の者たちだ。そして、森が草原になるまでには数十年の時間がかかっていることだろう。関わっている人は、自分が破壊している森は少しだけだ、自分がやらなくてもほかの人がやる、ほかに生きるすべがないのだと、自分には大した責任がないと考えるかもしれない。だが、一人ひとりが破壊する量は少しでも、たくさんの人が関わることによって森は消えていく。

このことは現地に住んでいない私たちにも責任がある。かつてはインドネシアから大量の木材が日本にも来ていた。一九七〇年代から八〇年代にかけて、年間一〇〇〇万立方メートルもの木材が日本に輸出されていた。その後は減り続けているが、二〇一三年には合板を中心に二六〇万立方メートルほどが来ている。

森林が消失しているのだから、当然、インドネシアの木材生産量も減っている。丸太の生産量は、二〇〇七年に八五一万立方メートルだったのが、二〇一二年には五三四万立方メートルに減っている。

最近では、カリマンタン島やスマトラ島では見渡すかぎりの草原があちこちに見られる。この風景を見ただけでは、ここが以前は豊かな森だったと想像することはできないだろう。昔から草原だったと思ってしまうかもしれない。
そして、今ではもっと大きな破壊が起こっている――。

泥炭地のアカシア植林

I

泥炭湿地林を訪ねる

◉——水の中の森

泥炭湿地とは、文字どおり湿地帯で、土が炭のようになっている地域だ。降水量の多い湿地帯では植物が枯れると水に浸かってしまい、分解がなかなか進まない。熱帯では植物の成長が旺盛で、枯れた植物遺体が土になる前にさらに植物遺体が積み重なる。そして次々に溜まっていく。こうして腐る前の堆肥のような土が大量に堆積して泥炭となる。この泥炭地の上に茂る森を泥炭湿地林という。

泥炭というと、寒帯にあるピートが燃料として使われることが知られている。これは主にミズゴケなどが寒さにより分解されずに溜まったものだ。

熱帯の泥炭は木質が主で、熱帯雨林ならではの堆積物だ。一年で一ミリメートルしか溜まらないというが、インドネシアでは厚いところでは数メートルにもなっている。

干満の差により、海水の上がってくるところではマングローブ林となる。マングローブとは海水に浸かっても生きられる樹木の総称だ。一〇〇種以上もあるといわれ、熱帯や亜熱帯にしか見られない貴重な生態系である。

泥炭湿地林は海水の上がってこないところにできる。水分は雨によってのみ供給されている。世界の熱帯泥炭地は約四〇〇〇万ヘクタールで、湿地帯の半分ほどを占めている。これは陸地面積の三パーセントにすぎないが、土壌中の炭素の三〇パーセントを蓄積しているといわれる。

東南アジアには泥炭地が約二七〇〇万ヘクタールある。泥炭湿地林はスマトラ、ボルネオ、ニューギニアなどの大きな島の沿岸部に見られる。スマトラ島には九七〇万ヘクタールの泥炭地が、東海岸を中心に広がっている。

泥炭湿地林は降水量と気温、それと地形が絶妙なバランスを保ったときにできる希少な生態系だ。湿地の中には入り込むことすらたいへんなので、最近まで開発が行われていなかった。それで原生林が残っていたのだ。

私は泥炭湿地林のことを調べて、その生態系がいかに貴重なのかを知った。そして、この森も好きになった。大規模な泥炭湿地林は東南アジアの島嶼地域にしかないことを知り、それを見ることができる幸福を感じた。

◉——湿地林に向かう

リアウ州は約九〇〇万ヘクタールの広さがあり、そのうち四〇〇万ヘクタールほどが泥炭地だ。リアウ州の低地にある森は、保護区や湿地帯を除くと二〇〇〇年頃までに開発され、消滅してしまった。それで泥炭湿地林に開発が移っているという。

泥炭地で何が起こっているというのだろうか。とにかく現場を見てみようと思い、二〇〇九年一月、リアウ州に向かった。

州都のプカンバルに着くと、地元で活動している「ジカラハリ」というNGOのオフィスを訪ねた。この組織は二七の環境NGOの協力体だという。リアウ州では大小さまざまな環境保護団体が活動している。それらがまとまって一つのグループを作っている。

私は代表の人に会い、「今、リアウ州では泥炭湿地林が破壊されているということですが、どのような状況なのでしょうか？」と尋ねた。

「たしかに伐採されて製紙用の植林地にされています。また、油ヤシ農園にも変わっています」と言う。

私はぜひ現地に行ってみたいので、誰かガイドをしてくれる人はいないかと聞くと、彼は一人の男性を呼んだ。「この人は現地のことにくわしいので、助けてもらったらよいでしょう」と言う。

男性の名はアディといい、三〇代で身長一七〇センチメートルくらいのがっしりとした体つきをしている。私はこの人となら森の中に行っても大丈夫だろうと思った。浅黒い顔に大きな目で人なつっこい笑顔が印象的だ。直感でこの人は信用できるだろうと思った。彼にはこの後もいろいろなところに案内してもらった。

翌朝、車でカンパール半島を目指して出発した。地図で見るカンパール地方は、半島といっても広いところで幅は一〇〇キロメートルくらいもある。南側はカンパール川の入り江で、北側には大きな島が陸地近くにあり、地図を見ただけでは半島という印象は受けない。ここはほぼ全域が泥炭地で、厚いところでは一〇メートルにもなるという。

朝一〇時にプカンバルを出て、昼近くにカンパール川に架かる大きな橋に着いた。ここはまだ川の中流だ。そこでエンジン付きのボートに乗り換える。このあたりでは河川は重要な交通路だ。定員十数人の小さなボートだが、地元の人にとっては貴重な足となっている。三時頃、テルック・メランティという村に着いた。ここはもう河口の入り江に近い。それで満潮になると海水が上がってくる。

この村は植林地開発の影響を受けている。製紙用の植林地は広大なため、村人が自分たちの土地だと思っているところが開発されてしまうことがある。境界がはっきりしないので、土地の権利をめぐって企業と争いになることもある。

私はすぐにでも現場に行きたかったが、村の責任者の許可が必要だという。こういった地方の村ではよそ者の行動は制限される。私は夜になるまで待って、村人の寄り合いに行き、森に向かう許しをもらった。

翌日、私たちはボートを借りて、村人二人とともにカンパール半島へ向かった。川を下っていくと、川幅は広いところでは数百メートルもある。流れも緩いのでまるで湖の中にいるようだ。

しばらくして支流に入った。すると、すぐに水位が低くなり、船は進めなくなった。船底が川底の土や流木に当たってしまう。泥炭地は広大な沼地のようなものだ。川は浅いので、しばらく雨が降らないと船で進むことはままならない。

川の水を見ると黒くなっている。水位の深いところでは、まるでブラックコーヒーか醬油のようだ。そして水面は鏡のようにはっきりと対岸の木々を映し出す。これは枯れた植物からさまざまな有機物が溶け出しているからだ。だが手ですくってみると意外に澄んでいて、烏龍茶のようだ。有毒ではないので飲んでも大丈夫だ。

上陸してみると、地面がふかふかで踏ん張りがきかない。まるでこんにゃくの上にいるようだ。ジャンプすると振動が周りに伝わり、近くの木が揺れる。この泥炭はどのくらい深いのだろう。試しに二メートルほどの棒を地面に突き刺すと、簡単に全部刺さってしまった。このあたりの泥炭地はかなり深いことがわかる。

湿地の泥炭を手に取ってみると、腐りかけの堆肥のようだ。まだ枝や葉などの原形をとどめている木屑が混ざっている。

これはまさに炭素の塊だ。泥炭湿地林を伐採すると、地中に蓄えられた有機物が酸素にさらされ、すぐに分解が始まる。そして二酸化炭素などの温室効果ガスが排出される。石油や石炭を地下から掘り出し燃焼させるのと同じだ。世界の泥炭地に含まれる二酸化炭素の量は、世界の森林に蓄積されている量よりも多いという。なんと空気中の二酸化炭素量と同じだというのだ。二〇一五年の世界の二酸化炭素濃度は約四〇〇ｐｐｍで、産業革命以前と比べると一・五倍ほどになっている。もし泥炭湿地林がなくなると、単純に倍になってしまう。地球温暖化に関してはさまざまな見解があり、二酸化炭素の増加と気温との因果関係は、はっきりとはいえない。だが泥炭地から二酸化炭素が排出されることは明らかで、その影響がまったくないとは考えられないだろう。

泥炭地に棒を突き刺すと簡単に刺さってしまう

インドネシアの森林破壊にともなう二酸化炭素の排出量は二〇億トンにもなる。これは日本の総排出量よりも多い。そして化石燃料の消費にともなう排出量を加えると、インドネシアの温室効果ガスの排出量は中国、アメリカに次いで世界第三位となるほどだ。

リアウ州だけでも、年間二億トンもの二酸化炭素が排出されているという。これはオランダの排出量よりも多い。私はいろいろな資料を調べたが、そのスケールの大きさに困惑した。とにかく、とてつもない規模の環境破壊が起こっていることだけはわかった。

◉——泥炭地の植林

製紙用の植林地を見るために、いったんカンパール川の本流に戻り、川を遡った。川幅が狭くなってきた頃、川岸の木々が切り開かれているところがあった。ここは植林木を運び出すための道路を造っている。遠くで重機が動き、トラックも頻繁に行き来している。だが植林地はまだ遠いという。そこで工事現場の労働者からオートバイを借りた。植林地に向かう道路は大型トラックが通れるように広く、平らに整備されている。舗装はされていないが、オートバイは快調に走る。

道路から見える場所には森らしいものはまったくない。このあたりの森林はすでに伐採されているが植林はまだなので、草原のようになっている。

焼き畑が開かれているところもあり、ところどころで藪が燻っている。

道路脇には幅二メートルほどの水路が掘られている。泥炭地を開拓するためには水路を掘り、地中の水分を抜かなくてはならない。地面が冠水している状態では、植林した木は育つことはできないからだ。

水路を見てみると、水面は二メートルほど下にある。見える範囲の土はすべて泥炭だ。しかし、深さ四メートル以上の泥炭地は植林地にできない決まりになっているはずだ。ここは明らかにそれ以上の深さがある。泥炭地の土壌は強い酸性で、植物は育ちにくいが、植林企業は酸性に強い樹種を植えているという。

しばらく行くと、道路から五〇メートルほど離れたところにアカシアの林が見えた。高さはまだ五メートルほどで、これは植えられてから数年だろう。収穫にはまだ時間がかかるようだ。近くに行きたかったが、幅五メートルほどの水路が行く手を阻んだ。

だが、このアカシアの林を見て、さっき見た道路沿いの草原もすべて人工の森になることが想像できた。

私は以前、泥炭地ではないが、製紙用の植林地を見たことがあった。育ちの早い草生樹を六、七年育てては刈り取るので、いわば木の畑といえるものだ。ところが、泥炭地でこのような生産をいつまで続けていけるのか、はっきりしてはいない。もし草生樹も育たなくなれば、いわゆる不毛の地となってしまう。

◉——保護区を見る

カンパール半島からいったんプカンバルまで戻った後、今度はカンパール半島の対岸にある

川は交通路にもなっている

クルムータン地区に向かった。ここにはクルムータン鳥獣保護区がある。現在の保護区は九万六〇〇〇ヘクタールほどだが、地元のNGOはさらに五万二〇〇〇ヘクタールを加えた、約一五万ヘクタールを国立公園にする活動をしている。拡大を目指す地域は、以前は森林伐採をしていたところだが、すでに伐採は終わっている。大きな木はないが、まだ豊かな生態系は残っている。NGOの人たちは、なんとかこの森を守りたいと考えている。

車で保護区へ向かった。リアウ州は幹線道路がよく整備されている。クルムータン地区までは快調に進んだが、幹線道路を外れると道路状況は悪い。細い土の道をゆっくりとしか進めない。

クルムータン地区に着き、アディの知人のいる村を訪れた。この村の名はクルムータン村という。近くを流れる川がクルムータン川といい、この地域の名前の由来になっているようだ。

村の人とともに泥炭地に向かった。車で少し走ると植林地に出くわした。幅一〇メートルほどの水路が掘られ、その両脇にはアカシアがびっしりと植えられている。水路の脇の土を見ると木屑が混じっていて、泥炭であることがわかる。ここの植林地の木々はまだ高さ数メートルで、収穫されてはいない。

水路脇にたくさんの丸太が積み上げられていた。直径五〇センチメートル以上のものが数百本もある。かなりの時間、放置されているようで、ほとんどの丸太は朽ちかけている。近づいてみると、「ポリスライン」と書かれた黄色のテープの切れ端があった。これらの丸太は違法伐採で摘発されたものらしい。インドネシアでは二〇〇〇年代の前半まで、違法伐採が盛んに行われていた。だが、二〇〇四年にユドヨノが大統領になってからは取り締まりも厳しくなり、違法伐採は劇的に減った。

翌日、漁船を借りて保護区を見に出かけた。川沿いには、奇妙な枝が伸びたタコノキや板根《ばんこん》の張り出した木々が見られる。ときおり色鮮やかなカワセミが目の前を横切っていく。ほかにも大小さまざまな水鳥が見られた。

しばらく進むと川面が水草で覆われ、進めなくなった。水草といっても一株は数メートルもある巨大なものだ。それに、今は雨季のはずだが水位は低いように感じられた。これではしかたがなく、引き返すこととなる。

帰り道の途中で森が開かれたところがあり、上陸してみた。なぜか立木が焼け焦げている。どうやら焼き畑を開こうとしたようだ。焼いた後に冠水してしまい、あきらめたようだが、こんなところまでも開発されようとしているとは驚きだった。

◉――クルムータン再訪

五か月後の二〇〇九年六月、私はふたたびクルムータンを訪れた。前回の訪問では、川が水草で覆われて船が進めず、かぎられた地域しか見ることができなかった。

前回訪れた家に行き、船を借りた。出発しようとしたとき、雨が激しく降ってきた。しかたがなく、しばらく待つことにする。幸い、昼近くになって雨は小降りとなり、出発することになった。

違法伐採の跡

この前は川を下ったので、今回は遡ってみた。しばらく進むと森が開けているところがある。上陸してみると木道が造られていた。そこを進むと、骨組みだけを残して朽ち果てた小屋がいくつもある。森の中に入ると、切り株や丸太が転がっている。これは違法伐採の跡だという。操業が終わってしばらく経つようだが、かなり大規模な伐採が行われていたことがうかがわれた。

違法伐採は減っているとはいえ、いまだに行われている。森林に対する脅威となっているのは変わりがないようだ。森を守るために、早くここが国立公園になってもらいたいと思った。

事故を起こした
天然材を積んだトラック

II

滅びゆく湿地林

◉——加速する破壊

二〇〇九年六月、泥炭地の森林破壊を見るためにふたたびリアウ州に向かった。それは泥炭地の破壊が加速するかもしれないからだった。

一九九八年にスハルト政権が倒れた後、インドネシア国内は混乱し、違法伐採が盛んに行われていた。そこで政府は二〇〇七年以降、製紙業に対して違法伐採の捜査をしていた。自然の森の伐採は許可が必要だが、許可されたものであることを証明するのは難しいからだ。この頃は製紙用の原料にも違法に伐採された木材が使われていた。これは事実上の自然林伐採禁止といえる。

ところが、リアウ州警察は二〇〇八年一二月に突然、捜査の打ち切りを表明した。理由はよくわからないが、何らかの政治的な力が働いたと考えられる。

天然材が使えなくなった製紙産業は、原料不足に陥っていた。すでに製紙企業は大規模な植林を行っていたが、収穫できる木材の量はまだ充分ではない。製紙業はインドネシアにとって重要な産業だ。それで自然林の伐採が解禁されたようだ。

しかし、リアウ州には自然の森は山岳地帯か泥炭地しか残っていない。木材を伐り出すのは山岳地よりは泥炭地のほうがやりやすいだろう。ますます泥炭湿地林の破壊が進むかもしれない。私はそれを調べようと思った。

この年の一月にリアウ州を訪れたとき、丸太を積んだトラックのほとんどは、植林された木材を運んでいた。植林材は細く、太さもほとんど同じだ。自然林を伐採したものは太さが不ぞろいだ。見た目にもすぐわかる。

◉——天然材が運ばれる

リアウ州に着き、木材を運ぶトラックが頻繁に走っている幹線道路に向かう。行き交うトラックを見ていると、かなり太く不ぞろいな、明らかに自然に育った樹木を運んでいるものがある。

しばらく幹線道路を車で走っていたら渋滞に出くわした。ここは町からかなり離れている。渋滞が起こるとすれば事故だろうと思い、車を降りた。そこには木材を満載したトラックが横転していた。道路が陥没していてそこにタイヤを取られたようだ。荷台に積んでいた直径五〇センチメートル以上の丸太が荷崩れを起こしている。明らかに天然の木を伐採したものだ。丸太の中には芯が腐り空洞になっているものもある。これでは建築材としては使えないだろう。運転手がいないため確認はできなかったが、この木材は製紙用に使われる可能性が高い。

◉——工場の天然材

製紙工場が自然に育った木を使っているのかを確認するため、シアク川沿いに建つインダーキアット社の工場に行った。工場の周りは高い塀に囲まれ、中の様子はうかがえない。塀越しに貯木場に積み上げられた木材がかいま見えた。そこには細い木材ばかりで、明らかに天然材だとわかるものはなかった。

私は二〇〇三年にもここを訪れていた。そのときは川からも木材を運び入れていた。川沿いの貯木場で見たものは、ほとんどが自然の樹木ばかりだった。

それで今回も川沿いの貯木場を見たいと思い、船を捜した。川のこのあたりには橋がなく、川を渡るためには船を使わなくてはならない。船着き場に行くと、大小さまざまな渡し船が集まっている。そこで小舟を借りることができた。船頭は人のよさそうな初老のおじさんだ。川岸を見るためだけに船を借りた。こんなところを見物する私のことを怪しむようでもない。

小舟に乗り込み、工場へ向かった。すると貯木場が見えてくる。そこには長さ一〇〇メートル以上の大きな艀《はしけ》が接岸している。何千本もの木材がうずたかく積み上げられていて、それをいくつもの重機が運び入れている。

以前見たときよりも丸太の量は少なく感じた。それでもその量には圧倒される。数千本もの丸太の山はかなりの迫力がある。私は望遠レンズを付けたカメラで木材を確認した。すると明らかに自然に育った木だと思われるものがある。直径は五〇センチメートル以上もあり、中が空洞になっているものもある。植林された木をこんなに太くなるまで育てることはない。川沿いの貯木場にはかなりの数の天然材が見られた。

写真を撮ることに夢中になっていると、船頭のおじさんが「警備がいるから気をつけろ」と

工場に運び込まれる天然材

言う。こんな川の中で何の警備かと思ったが、遠くに黒いモーターボートが見えた。明らかに渡し船ではない。どうやらこれは警備艇らしい。ボートはゆっくりこちらに近づいてきた。やばい、これは写真を撮っていることを見つかったかと思い、あわててカメラを隠す。幸い、ボートはこちらに来ることはなく通り過ぎた。

だが、なぜこんなところまで警備しているのだろう。たぶん、企業も天然材を使っていることを隠したいのだろう。その頃、リアウ州の製紙企業に対して環境保護団体が盛んに抗議行動をしていた。この年の一一月には、環境保護団体のグリーンピースがここの工場の船積み用のクレーン車を占拠する事件が起きた。後にそのときの写真を見たが、数人の活動家が鎖で体をクレーンに縛り付けて、製品を船に積み込めないようにしていた。

この事件の影響はかなり大きかったようだ。私は翌年にも貯木場を見るために船を借りようとしたものの、船頭に「お前はグリーンピースか」と問い詰められた。私たちは「違う」と言ったが、船を借りることはできなかった。

政府や企業は環境保護団体などの抗議行動には警戒を強めている。船頭たちも船を貸したことで協力者だと思われれば、取り調べを受けかねない。そんなことはご免だと思うだろう。

◉――保護区へ向かう

リアウ州は昔はほとんどが森林地帯だった。農地はあまりなかったようだ。隣の北スマトラ州では見渡すかぎりの田んぼや畑を見ることができるが、今でもリアウ州には広大な田園風景はほとんど見られない。リアウ州は人口が少なかったからだ。それで最近まで森林が残っていたのだろう。一九八五年の人口は約二五一万人で、人口密度はスマトラ島の州ではいちばん低い。これは島嶼地域を含む。現在、島嶼部は別の州に分かれている。

二〇一四年の人口は六一八万人だ。それでも、水田は一〇万ヘクタールしかない。これでは州内で米は自給できない。

リアウ州のほとんどを覆っていた森林は二〇一〇年時点で半分ほどに減り、このまま破壊が続けば、あと五年で残った森の半分も消えてしまう。リアウ州のまとまった森林地帯は保護区を含めても八か所しかない。そのうち四か所が泥炭地だ。自然の森が伐採されているなかで、これらの地域がどうなっているかと思い、行ってみることにした。

◉——セネピス

リアウ州北部にセネピスと呼ばれる地域がある。ここはロカン川によって半島のようになっている。ここにはまだ森が残っていて、林業省がスマトラトラの保護区とするよう働きかけている。

今回もアディにガイドを頼んだ。しかしセネピスのことはよく知らないという。そこで地元の環境保護団体で働くウドンさんという若者に案内を頼んだ。

車で半島の中ほどにあるブルハロ村を訪れ、ウドンさんの知り合いの家を訪ねた。ここは移住政策で一九九〇年にできた新しい村だ。

インドネシアには移住政策がある。国土面積が日本の五倍もある広大なインドネシアには約二億五〇〇〇万人が住む。だが、人口密度は地域によってかなりの差がある。それでジャワ島などの人口密度の高いところから、スマトラやカリマンタンなど人口希薄な地域に移住させ、農村開拓を促している。しかし移住先は農耕に適さない場合もあり、入植はかならずしもうまくいかない。

ブルハロ村の人口は五〇〇〇人ほどだという。村の周りには農地が広がり、森林はほとんど見られない。だが、トラは今でも村に現れるという。人が襲われることはないが、家畜が被害にあっている。ところが、村人はあまりトラを恐れてはいない。トラは人びとを守っていると考えているのだ。

スマトラトラは世界に生息するトラの中ではいちばん小さい。それでも体長は二・五メートル、体重は八〇から一五〇キログラムにもなる。単独で生活して、森林内に広大な縄張りを持つ。そのため絶滅の恐れが非常に高いとされ、スマトラ島全体でも四〇〇頭くらいしかいないと推測されている。

◉――トラの森へ

村の中を幅五〇メートルほどのブルハロ川が流れている。船着き場があり、そこで長さ一〇メートルほどの漁船を借りることができた。船員はセネピスまで行ってくれると言う。

その夜はこの村に泊まった。夜中にふと外を見ると、川沿いの木にたくさんの光が点滅している。これは話には聞いたことがあるが蛍《ほたる》の木だ。ある種の蛍は一本の木に集まることがある。まるでクリスマスツリーのようだ。幻想的な風景にしばらく見とれていた。だが、この風景も自然が残っていればこそだ。このまま森林破壊が続けば、いつまで見られるかはわからない。

翌朝、船でブルハロ川を下った。ここからセネピスの奥地に行くには、いったん海に出て海岸線を北上し、それからセネピス川を遡上する。道路はないので車で行くことはできない。

ブルハロ川沿いの森に巨木は見られない。このあたりはすでに森林伐採が行われた後だという。水の色は真っ黒で、ここが泥炭地であることがわかる。ときおり川沿いの灌木に尻尾の長いカニクイザルが見えた。

少し進むとニッパヤシの群落が見えてきた。この幹のないヤシは、海水が入り込むところに生える。すでに水の色は黒くはない。まだ海までは遠いが、海水が入ってくるとは、川の勾配はほとんどないようだ。

二時間ほどで海に出た。すると河口近くで埋め立て工事をしているのが見える。ウドンさんによれば、植林木を運び出すための桟橋を作っているという。巨大な桟橋なので、この地域に大規模な植林が行われていることがうかがえる。

海上を陸地沿いに北へ向かう。私たちが乗っているこの型の船は、地元ではポンポンという。小さなディーゼルエンジンがポンポンと音を立てることからそう呼ばれている。このエンジンでは普通の自転車で走るくらいのスピードしか出ない。

陸地にはマングローブの群落がある。今は満潮らしく、水面から直接、木の幹が伸びている。

地面が見えないので洪水のようだ。梢《こずえ》には鷲などの猛禽類《もうきんるい》がいた。魚を狙っているのかもしれない。このあたりまで来ると、陸地には森林がある。猿や鳥類が頻繁に見られるので、生態系の豊かさを実感できる。

五時間ほど陸地沿いを進んだのち、セネピス川に入った。この河口にも木材の積み出し港がある。これはあまり大きくはなく、建築用の木材を運び出すためのものだという。森林資源の枯渇からか、貯木場の丸太に大きなものはないが、建築用材の伐採もまだ続いている。

上流に向かうと、川沿いに高さ五メートル以上のドーム状の建物が十数棟建ち並んでいる。これは炭を焼く窯《かま》だという。主にマングローブの木で炭を作っている。これだけ大規模だと、マングローブ林の消失も懸念される。

さらに上流に向かうと、川の色が黒くなった。このあたりから泥炭地に入ったようだ。だが、周りにはニッパヤシが生い茂っているだけで、大きな木は見られない。森はまだ遠い。

しばらく進んでいると、引き潮なので動けないと船頭が言う。かなり川を遡ったようだが、泥炭地では潮汐の影響はかなり大きい。

川沿いに灌木が開けた場所があった。そこに船を着けて上陸してみた。すると何やら看板のようなものがある。この地域をトラの保護区とすると書かれている。ここはまだ正式には保護区ではないはずだが、看板はもう立てられている。

結局、そこで一夜を明かすことになった。日が暮れるとあたりは漆黒の闇だ。虫の声がうるさいほど聞こえてくる。懐中電灯で川面を照らすと遠くに二つ、赤く光るものがある。あれはワニの目だという。ワニは人間を襲うこともある。船の中にいれば安全だが、やはり自然の中には危険も多い。

翌朝、森を見るために上陸してみた。すると小道があり、人が歩けるようになっている。灌木の中をしばらく進むと、森が切り開かれ、焼かれた木々も転がっている。どうやらここは農場を作るために開拓されたようだ。開かれたばかりのようで、まだ作物はあまり植えられてはいない。近くには、人が住んでいる小屋がいくつか建ち並んでいる。インドネシアでは、土地を持たない農民が森を切り開いて畑を作っていることがあるが、こんな奥地でもやっているのかと愕然とした。

畑を抜けるとやっと森に入った。だが、このあたりも伐採された後で、大きな木は見られない。地面はぬかるみで歩きにくい。かなり深い泥炭地だ。

しばらく進むと、ひと抱えもある大木が切り倒されていた。ウドンさんは、「これは地元の人の伐採だろう。木材の質が悪いから放っておいてあるんだ」と言う。このような伐採は違法だが、こんな奥地では取り締まりもままならない。

その後、船に戻り、さらに上流を目指した。しかし川は浅く、船は進むことができなくなった。残念だが引き返すしかない。せっかくここまで来たが、原生林も植林地も見ることができなかった。失望した旅ではあったが、大企業による開発以外にも、さまざまな要因が森を破壊しているのを見ることができた。この地域が一刻も早く保護区になってもらいたいと願いながら川を下った。

保護区でも違法伐採が行われている

◉——ギアム・シアク・クチル

次にセネピスから車で南東に向かい、ギアム・シアク・クチルという保護区を目指した。車で幹線道路を走ると、天気は良いのにあたりは霞《かすみ》がかかっている。見通しが悪く、ヘッドライトを付けている車もある。窓を開けてみると、これは霧ではなく煙だ。森林火災による煙害だった。しばらく進むと、道路沿いの藪が燃えているところに出くわした。火の粉が車にかかりそうになる。アディはスピードを上げて走り抜けた。こんな状況では、日本なら確実に通行止めとなるだろう。遠くにオレンジ色の服を着た消防隊員と思われる人が数人見えたが、なすすべがないのか、呆然と立ち尽くしているようだった。

森林火災はここだけではなく、あちこちで起こっていた。火災の原因の一つは、植林地や油ヤシ農園を造成するとき、森林を切り開き燃やしてしまうからだ。そしてそれが延焼して森林火災となっている。農園を開拓するための火入れは禁止されているが、いまだに行われている。だが、こんな幹線道路の近くまで広がっているとは驚いた。燃えているのは草原や灌木林が多いが、油ヤシ農園やアカシアの植林地も燃えている。泥炭地を農地に開拓するための費用は、火入れをしない場合は、一ヘクタールあたり三〇〇〇万から四〇〇〇万ルピアかかる。火入れをすれば二〇〇万ルピアですむという（一〇〇ルピアは約一円）。

これでは火入れをする者はあとを絶たない。しかし、整地するための経費を節約したことで、せっかく植えられたものまで燃えてしまっては元も子もない。燃えているのは整地した企業の植林地ではないだろうが、国全体としてみれば損害はたいへんだ。

延焼地域を抜けた後、幹線道路を外れ、未舗装の道に入る。すると油ヤシ農園の中に入った。そこを抜けると、今度はアカシアやユーカリの森となる。この地域は広大なプランテーションや植林地が広がっている。車で一日走っても森らしいものを見ることができない。私は二〇〇三年にここを訪れていた。そのときはちょうど植林地が造成されていたところで、森が剝ぎ取られた更地が地平線まで広がっていた。茫漠とした荒野を見て愕然としたことを覚えている。

今はそこが植林されて森のようになっている。だが、収穫のための伐採が始まっているところもあり、そこは更地となっている。これを見ると植林地は森ではなく、木の畑だとはっきりわかる。生態系の豊かさなどかけらも感じられない。

植林地の中には、木材を搬出するための道路が通っている。舗装はされていないが、トラックが通れるように砂利が撒かれ、よく整備されている。その道路を走っていると、踏切の遮断機のような棒が行く手を阻んでいる。ここは検問所だという。近くに小さな小屋があり、制服を着たガードマンが出てきた。トランクを開けて荷物を調べている。こんなところで何の警備かと思うが、植林木の違法伐採もあるという。

車を運転しているアディが、この先にある村に行くことを話すと、遮断機は上がった。この地域の植林地は広大なので、昔からあった村に行くには植林地の中を通らざるをえない。それで一般の車が植林地の中を通ることも黙認されているようだ。

植林地を抜けるのに数時間かかった。やっと森らしいものが見えてきた。そこがギアム・シ

道路沿いでも木々が燃える

森林火災で焼けた油ヤシ農園

アク・クチル保護区の入り口だった。保護区と植林地との境目は、カミソリで剃り落としたように森が切り取られている。その緑と茶色のコントラストに唖然とした。これを見ると、植林地も以前は豊かな森だったことがわかる。

森の中にも車が通れる道があった。周りは村の森で、ゴムの木などが植えられている。大きな木はあまりなかった。

しばらくすると家並みが見えてきた。そしてタシック・ブトンという村に着いた。村の人に話を聞くと、昔から地元で暮らすマレー系の住民が住んでいるという。ここは保護区になっているのだが、村の人はそのことをよく知らないようだ。ギアム・シアク・クチルは国立公園などではなく、鳥獣保護区だ。森林の伐採は禁止だが、昔から住んでいた人は森を使うことはできる。インドネシアでは保護区といってもさまざまな種類があり、それぞれ規定も違う。

地図で見ると、この地域は大小さまざまな湖があり、水郷地帯になっている。村の近くに湖があるというので、見に行った。車で行けるということだったが、道はぬかるみですぐに車は進めなくなった。しかたなく車を降りて歩く。道沿いはゴム農園になっている。その梢で動くものがある。この黒い体に長い尾はシルバーリーフモンキーだ。このような珍しい動物が見られるとは、このあたりの生態系はかなり豊かだと感じる。

三〇分ほど歩いて小さな湖に出た。今は水量が少ない。このあたりは泥炭地だが、地面は硬く締まっているので泥炭の堆積はあまり深くないようだ。

湖には漁に使う小さなボートが何艘か浮かんでいた。ウドンさんに漕いでもらい、湖を一周

保護区と植林地の境界がはっきりとわかる

した。漁をするのは乾季のほうがいいという。水位が下がって魚が深みに集まるからだ。

ふと空を見上げると、巨大な煙が湖の向こうから立ち上っている。村の人に聞くと、森を整地するための火入れだろうと言う。だが、保護区での焼き畑は禁止のはずだ。これでは保護区も台なしだ。森がなくなれば土地が乾燥し、湖も消えて漁もできなくなるかもしれない。

◉——ブキット・バツ

ギアム・シアク・クチルの北東にブキット・バツ保護区がある。泥炭地だが大きな木もあると聞いて、行ってみることにした。プカンバルからいったんドゥマイへ向かう。途中で、ガイドをしてくれる環境NGOのスタッフと落ち合う。彼によると、ブキット・バツはまだ正式には保護区とされてはいない。申請中ということだ。ドゥマイに泊まり、翌日ブキット・バツを目指した。

町を抜けると一面の草原に出た。ここは移住政策で開墾された土地で、その後、大規模に焼かれたという。私はよくある開墾地と思ったが、その草原を抜けるのに車で一時間もかかってしまった。こんな広大な地域を焼いてしまうのでは森はなくなるばかりだ。

草原を抜けると海岸沿いに出る。しばらくしてタンジュン・レバン村に着いた。ここはもう保護区の近くだ。村の人に話を聞くと、湿地林に行くのはかなり難しいようだ。ブキット・バツの森は植林地に囲まれているという。陸路では植林地を通らなくてはならない。植林企業の許可をとるのは難しいので、行けないだろうとのことだった。川を通って行くのなら船を使わなければならないが、話を聞いた村人は、今日は都合が悪く行けないと言う。しかたがないのでまたの機会とすることにした。

◉――ブキット・バツ再訪

二〇一〇年七月、私はふたたびブキット・バツを訪れた。前年に私が訪れた後に、ユネスコの働きかけによって保護区と認証されていた。その中心となる地域は一七万八〇〇〇ヘクタールで、そのうちの四一パーセントが製紙会社によって管理されているという。

ここにはブキット・バツ川が流れている。この川が地域の名前の由来になっているようだ。その川に架かる橋のたもとに売店があった。そこの主人に、誰か船を持っている人がいないか聞いてみた。彼は船を持っている人を知っていると言う。これは思わぬ幸運だ。保護区に行くために一日借り上げたいと頼んだ。彼は、頼んではみるが確約はできないと言う。とにかく明日また来ることにした。

翌日、早朝に売店に行った。主人は船の用意はできると言う。私は喜んで何度もお礼を言った。橋の下に行ってみると、長さ一〇メートルほどのポンポン船が舫《もや》ってあった。船頭は三〇代くらいの気のよさそうな人だ。船に乗り込み、川を遡る。ここはかなり深い泥炭地のようで、水の色は真っ黒だ。大きな木はあまり見られない。板根《ばんこん》を張った木やタコの足のような根を張っている樹木が目立つ。だが、このあたりは木材の伐採が行われ、焼き畑が開かれていた。川沿いには簡単に作られたような小屋がいくつも見られる。ここはまだ保護区の外だが、住んでいる人たちは違法伐採や農地の開拓をしているという。

さらに上流に進むと鬱蒼とした森に入った。高さ二〇メートル以上の巨木がある。川幅が狭くなり、日の光も差し込まない。ときおり、カワセミの仲間のコウハシショウビンが船の音に驚いて飛び立つ。この鳥はカワセミの仲間では大型で、全長は三五センチメートルある。赤、青、黄色と信号機のような原色が鮮やかだ。湿地林ではひときわ目立つ。

しばらく進んでいると、川幅はさらにだんだんと狭くなり、とうとう草で塞がってしまった。水草が水面をすべて覆っている。草といっても高さ二、三メートルもある大きなものだ。船頭さんはなんとか進めないかと悪戦苦闘してくれたが、結局、水路は開けなかった。残念ながら、ここで引き返すこととなった。

川沿いを見ながら帰っていると、アディが遠くを指さし、ワニがいると言う。私は急いでカメラを向けたが、ワニはすぐに水にもぐってしまった。だが、この地域の自然の豊かさが感じられる瞬間だった。

私は翌二〇一一年の七月にもここを訪れた。どうしても中心にある湖まで行ってみたかったからだが、このときも川は水草で塞がっていて、途中で引き返さざるをえなかった。このときの印象としては、わずか一年のあいだに川沿いの農園はさらに広がっているのを感じた。このままでは保護区の森を守るのは難しい。

◉——ザムルッド

二〇一〇年七月、カンパール半島の北西部にある、ザムルッド保護区に向かった。ブキット・バツ保護区の内部に行けなかったので、どうしても広大な湿地林を見てみたかった。ここも泥炭湿地林が広がる地帯で、国立公園制定を目指す地元NGOの動きもある。

近くのスンガイ・ラワという村を訪れた。村の入り口までは車で行けたが、村の中には大きな道はない。そのためオートバイに乗り換えて進んだ。このあたりもかなり深い泥炭地だ。土や水の色は真っ黒だ。

村に住む四〇代の男性から話を聞いた。この村は約二七〇世帯で、九割が地元の人、一割ほどが移民とのことだ。主な生業は林業や漁業で、植林会社で働いている人もいるという。

植林地の開発は一〇年以上前から始まっていて、すでに収穫しているところもある。だが、開発に対して反対運動がある。植林会社は村人が自分たちの土地だと考えているところまでも開発しているという。

「以前、私たちに何の断りもなく森の中に水路が掘られました。それで工事現場で抗議しました。ところが警察を呼ばれて、私たちのほうが悪いと言うのです。企業は許可を取っていると言います。しかし、私たちが先祖代々使ってきた土地が会社のために取り上げられるというのは、まったく理解できません」

彼の仕事は漁業だ。最近は川の魚が減っているのを感じていると言う。

「以前はひと月に三〇〇万から四〇〇万ルピアの漁獲高がありました。でも、今は一〇〇万ルピアくらいしか稼げません。魚が減っているのは植林地のために森を伐採しているからではないでしょうか」

ザムルッドが国立公園になりそうだとは彼も知っていた。彼は国立公園になっても漁はできるだろうと考えている。村の人たちの考えは賛成と反対が半々ではないかと言う。

国立公園になれば森は守られるが、その中での活動は制限される。狩猟や林産物の採取は制約を受ける。地元の人にとって、国立公園には良いところも悪いところもある。

◉――監視される村

しばらく話を聞いていたとき、二台のバイクが家の前に停まった。二人の男が訪ねてきて、警察だと言う。制服は着ていないのでどうなのかと思ったが、本当らしい。

どうやら、私がここで何をしているのかを調べに来たようだ。彼らは私に、グリーンピースのメンバーかと聞いてきた。私は違うと答え、保護区の湖に行きたいだけだと言った。彼らは警察署に行って事情を説明しろと言う。警察署は町の中にあり、ここから車で行っても一時間以上かかるが、しかたがなく行くことになった。オートバイで車を停めてある村外れまで戻り、警察署へ向かった。だが、なぜ私がここに来たことが警察にわかったのだろう。思い返してみると、私が村に入るときに話しかけてきた男がいた。とくに何かを聞かれることもなかったが、彼が警察と関係していたようだ。今はインドネシアでも携帯電話が普及している。こんな田舎でも、すぐに連絡はつけられる。

この地域でもグリーンピースが植林に反対するキャンペーンをしていた。二〇〇九年六月、植林のために皆伐された土地で、反対を表す巨大な横断幕を広げた写真を撮影していた。

警察署で話をしたが、とくに厳しい尋問などは受けなかった。パスポートをコピーされただけだった。その日は町に泊まり、あらためて保護区を目指した。

◉——保護区と石油開発

翌日、スンガイ・ラワ村に戻り、船を捜した。しかし、なかなか見つからない。今日は出発できないかと思っていたら、昼近くになってやっと小さな漁船を借りることができた。

村を流れるラワ川を遡り、保護区へ向かう。村の近くにはマングローブやニッパヤシがある。ここはすでに海から離れているが、まだ海水が上がってくるようだ。しばらく進むと川幅は狭くなり、木々の梢が頭上を覆うようになる。川岸には漁業をするための小屋がいくつも見られる。その近くの川には竹や木材でダムのようなものが作られている。これは川の流れを利用して魚を捕らえるもので、大きな簗《やな》のようだ。完全に川を塞いでいるのではなく、小さな船が航行できるところは残してある。

進んでいくと、大きな橋が架かっていて、道路が通っていた。ここでは石油の採掘も行われている。森の中には油井があり、原油を運び出すための車が走っている。

さらに進むと、川岸は鬱蒼とした森になった。どうやら保護区に入ったようだ。ツバメが水面すれすれを飛んでいく。木々の梢にはカニクイザルがいる。上空にはサイチョウがゆっくりと旋回していた。森からは虫の声も聞こえる。ひときわ大きな声はテナガザルだろう。ここの生態系はとても豊かだと感じた。早く国立公園に指定し、保護してもらいたい。

夕方になって大きな湖に出た。その周りには巨木が残っている。夕陽を受けて森は茜色に染まっている。水面は鏡のようにそれを映し出していた。絵のような美しさにしばし見とれた。

その夜は湖近くの漁師小屋に泊まった。しばらく使っていないようで、人の気配はない。夜空には満天の星が輝く。水辺は寒くもなく蚊もいないのでとても快適だ。だが、近くには石油施設があるようで、ときどき大きな音がする。トラックのものと思われる光がしばしばあたりを照らした。

ここでは地元の人だけでなく、たくさんの人間がさまざまな営みをしている。このような場所を国立公園にするのは難しいのではないかと思われるが、なんとかこの貴重な生態系を守ってもらいたいと願う。

◉——泥炭地の未来

私はこれまで、リアウ州の泥炭地を数か所訪れた。保護区といわれる場所でもさまざまな開発が迫り、自然の森が残されているところはほんのわずかしかなかった。熱帯泥炭は一ミリメートル堆積するのに一年かかるといわれる。泥炭地がひとたび消えてしまったら、厚さ数メートルもの泥炭層がふたたび堆積することなどないだろう。このままでは貴重な生態系は失われてしまうかもしれない。

植林地の造成用に掘られた水路

III

紙のための森

◉──伸びる紙の生産

インドネシアの製紙産業はこの一五年くらいで急速に拡大している。一九九八年には紙、板紙の生産量は五四九万トン、パルプ生産は三四三万トンだった。二〇一三年にはそれが一〇五七万トン、六八〇万トンと倍増している。それぞれ世界の一〇位と九位となっている。この製紙産業の中心がリアウ州だ。

リアウ州には、二つの大きな製紙工場がある。一つは一九八〇年代にできた、APP（Asia Pulp & Paper）社グループのIKPP（Indah Kiat Pulp & Paper）社。もう一つが一九九〇年代になってできた、APRIL（Asia Pacific Resources International Holdings）グループのRAPP（Riau Andalan Pulp & Paper）社だ。

IKPPの工場は紙・板紙の年間生産量は一〇〇万トン、パルプ生産は二五〇万トンで、RAPP社の工場は年間二〇〇万トンのパルプ生産能力がある。

◉──植林が森を破壊する

紙の原料は木材だ。古紙を使うこともあるが、もともとはやはり樹木である。インドネシアでは自然の森が少なくなっているので、製紙用には植えた樹木を使っている。年間一〇〇万トンのパルプを生産するために、二二万ヘクタールの植林地が必要といわれる。リアウ州には二〇〇万ヘクタールもの植林地があり、これは州の面積の二五パーセントにもなる。植林地にはアカシアやユーカリなどが植えられる。これらの木々は草生樹といわれ、成長が早い。五、六年もすると高さ一〇メートル以上になり、伐採されて紙の原料になる。スマトラ島ではアカシアマンギュウムがよく見られる。アカシアは乾燥に弱いので、年間を通じて降水量の豊富なスマトラに合うのだろう。

だが、この植林地も元は森林だった。つまり、紙を生産するために広大な森林が伐採されたのだ。植林企業は、植林された樹木を使っているので環境破壊ではないと言うが、もともと森林だったところを伐採して植林地にしている。私は、植林される前の見渡すかぎりに更地となった森を何度も見た。これが環境破壊ではないとは誰にも言えないだろう。

◉——日本との関係

日本はインドネシアから紙も輸入している。二〇一三年の紙の輸入量は四一万八〇〇〇トンで、中国に次いで二番目。全輸入量の二八パーセントを占める。その中で私たちに身近なものはコピー用紙で、インドネシアから三八万七〇〇〇トンが来ている。これは国内に出まわっているコピー用紙の三割にもなる。よく量販店などでメーカー名のない安いコピー用紙を見かけるが、それらはインドネシアからの輸入品である可能性が高い。

だが、この値段の安さには、環境に配慮していないというからくりがある。インドネシアの森が消えているのは私たちと決して無関係ではないのだ。

◉——消された村

製紙用の原料を供給するために、スマトラではたくさんの植林が行われている。そして、その植林地をめぐる土地の権利の争いがいたるところで起こっている。植林地は広大なため、村人が自分たちの土地だと思っているところと重なってしまうことがある。地方の農村には土地台帳などはないため、土地の権利を主張することもままならず、企業に土地を奪われてしまう。

私は二〇〇二年頃にもそれらを取材していた。その頃は、長期にわたって独裁的な体制が続いていたスハルト政権が倒れ、国内は混乱していた。そして違法伐採が盛んに行われた。二〇〇四年に民主的に選ばれたユドヨノ大統領が就任し、インドネシアも落ち着きを取り戻したように見える。違法伐採は二〇〇四年以降に取り締まりが強化され、少なくなっていた。

しかし、土地に関する争いは続いている。二〇〇九年の一月にリアウ州を訪れたとき、アディから、植林地をめぐる争いで村が一つ消えたという話を聞いた。話だけではどういうことかよくわからない。とにかく現場を見ることにした。

プカンバルから北に向かった。町を出るとすぐに油ヤシの農園が広がっている。私の印象では、リアウ州の低地を車で走っていて大きな森を見ることはほとんどない。目に入るのは油ヤシやアカシア、ユーカリの森。たまにゴム農園が見られるくらいだ。リアウ州に初めて来た人は、どこもかしこも緑に覆われていて、とても自然が多いところだと思うかもしれない。だが、この緑は森ではない。農園であり畑なのだ。日本で田園風景を見ても、自然が豊かだとは思わないだろう。つまり、リアウ州には自然はほとんど残っていないのだ。

油ヤシ農園を抜けると、アカシアの森に出た。私は二〇〇三年にこの地域を訪れていた。その頃は、植林地を開拓するために自然の森が切り開かれ、広大な更地が広がっていた。

今はそこにアカシアやユーカリが植えられている。その植林地を進んでいると、不意に視界が開けた。なぜか何も植えられていない更地が広がっている。ところがよく見ると建物の残骸が散らばっている。ここが消された村だった。

この村はスルック・ボンカウといって、主に移民の人たちによって作られたのだという。村が破壊された範囲はかなり広い。車でまわっても小一時間かかった。数キロメートルにわたって建物が破壊されている。唯一、小さなモスクが残っていて、ここに村があったことをうかがわせた。

ここは土地の所有権がはっきりしないために、植林地の中に飲み込まれてしまった。村人は立ち退きを拒んだため、二〇〇八年一二月に警察によって強制退去させられた。ヘリコプターから焼夷弾のようなものを落とされ、村は焼かれたという。三〇〇軒以上あった家はすべて壊された。そのときの様子を撮った写真を見たが、数十人の警官が村を占拠している。ヘリコプターが飛んでいて、その下では家が燃えていた。

村の跡を車でまわっていると、すでに数人の労働者が苗木を植えている。ここもすぐにアカシアなどが生い茂り、一見すると森のようになってしまうだろう。

破壊されたスルック・ボンカウ村

◉──植林地とサゴヤシ

カンパール半島の北に、長さ数十キロメートルの大きな島がいくつかある。島々の間は入り江になっていて、わずか数キロメートルしか離れていない。この島々にも広大な泥炭地が広がっている。そこに植林開発が及んでいる。そして地元住民の反対運動もあるという。その状況を見るため、二〇一〇年七月、トゥビン・ティンギ島に向かった。

スマトラ島の本土から島までは、長さ三〇メートルもあるスピードボートが出ている。四時間ほどで島の中央部にあるスラット・パンジャンに着いた。ここは大きな町で、商店などがたくさん建ち並んでいる。中国系の住民が多いようで、漢字の看板が目立つ。町の中心に大きな中国風のお寺があった。

そこから小型のボートに乗り換え、東に三〇キロメートルほど行ったところにあるスンガイ・トホール村に行き、村長の家を訪ねた。

村長によると、この村は二五〇世帯ほどで八割は地元民、二割が移民だという。ほとんどの村人は農民だ。水田は少しだけで、作物はゴム、ココヤシ、ビンロウジュ、サゴヤシなどだ。とくにサゴヤシはこの村にとって重要な産物だという。サゴヤシは幹の中に澱粉が溜まる性質があり、それを利用することができる。いくつかの種類があり、ここにあるものは高さ一〇メートル以上で、幹の直径は一メートルにもなる。幹の先端から細長い葉が付いた枝状のものがたくさん出ている。枝のように見えるが、厳密には枝ではなく葉柄という葉の一部だ。ヤシの仲間には枝のないものが多い。私には竹箒《たけぼうき》を逆さにしたように見える。一本の木から二五〇キログラムの澱粉の粉が採れるという。サゴ澱粉を主食としている地域もあるが、この島では主食にはしていない。もっぱら、ほかの地域に販売することで生計を立てている。

サゴの収穫はまず、成熟して充分に澱粉が溜まった木を切り倒す。サゴの木はまっすぐに伸び、先端と根元の部分はほとんど同じ太さだ。それを一・二メートルくらいに切りそろえ、筏《いかだ》に組んで川や水路を使って澱粉を取り出す工場まで運ぶ。

工場に行ってみると、けたたましい音が響いている。高い台の上からエンジンの付いた破砕機に幹を入れて砕いている。重労働なので働いているのはすべて男性だ。エンジンの熱でかなり熱いので、下着一つで働いている人もいる。

それを水でさらして澱粉の粉を洗い出す。澱粉が混じった水を長さ二〇メートルもある水泳プールのような沈澱槽に溜める。すると、澱粉の粉は水より重いので下に溜まるという仕掛けだ。小学校のとき理科の実験でジャガイモの澱粉を取り出したことを思い出した。

こうしてできた澱粉は一キログラムあたり一三〇〇ルピアで売れる。よく乾燥したものは三五〇〇ルピアになり、ジャワ島などにも送られる。

この村には三〇〇〇ヘクタールのサゴヤシ農園があり、ひと月に七〇〇トンの収穫がある。サゴの栽培は農薬や肥料を必要とせず、手入れも農園の草を刈り取る程度だ。手間がかからないわりには利益になるので重要な生産物だ。だが、サゴヤシが栽培できるところはかぎられている。降水量の多い湿地帯でしかサゴヤシは育たない。この島には広大な湿地帯が広がってい

サゴヤシ農園

るのでサゴヤシの生産地となっている。

ところが、製紙用の植林地開発が湿地帯にも及んでいるという。その開発地域を見に出かけた。オートバイに乗り、小道を走る。村を抜けるとサゴ農園やゴム農園がある。ゴムもこの村の重要な生産物だという。

農園を抜けると灌木の林になった。そこに焼き畑が開かれている。村人の畑も拡大している。湿地林はまだ先のようだ。

しばらくしてやっと鬱蒼とした森に着いた。木々の高さは二〇メートルほどあり、湿地林にしてはかなり大きな森だ。歩いて森に入ると、幅三〇メートルもある水路に出くわした。かなり先まで見渡せるほど、まっすぐに続いている。これは一年ほど前に湿地の排水と植林材の搬出用に作られたものだという。

だが、水路のすぐ隣には豊かな森が生い茂っている。掘り出された土を見ても、木の根や枝などが腐らずに残っている。ほとんど分解が進んでいない泥炭だ。

この水路は一〇キロメートル以上も掘られているという。しかし、村の反対もあって製紙用の植林は止まっている。それでまだ自然の森は残っている。

村長によれば、二〇〇二年頃から植林地の開発が始まり、村人と企業との対立が起こった。企業はサゴ農園の中も開発したいと考えているようだ。この村は古いので、土地の権利に関してはっきりとした書類などは持っていないという。そのため村の土地を守るのが難しい。村長は、「植林地ができれば土地が乾燥し、サゴヤシ栽培が難しくなるかもしれません。川や水路が干上がれば、サゴの丸太を運ぶこともできなくなります」と言う。

製紙用の植林地とサゴヤシ農園が共存できるとは思えない。村人もそう考えていて、この地区には五つの村があるが、すべてが植林開発に反対している。

だが、以前に開発反対のデモをしたとき、警察に逮捕されたこともあった。それで激しい抵抗運動は控えている。どのような方法で植林を止められるか、地元のNGOなどにも協力してもらいながら考えているという。植林開発を止めるのは難しいと思うが、なんとか平和的に解決してもらいたいと願う。

◉——林業との対立

トゥビン・ティンギ島の西のパダン島でも植林地開発が問題を引き起こしているという。島の北部のタンジュン・パダン村を訪れた。この村は三五〇世帯ほどで、大半が地元のマレー人だ。

村人は林業を営んでいる。だが伝統的な操業で、きちんとした許可証などはないという。村人は土地に関する権利書もないので、植林開発が来たら森林資源が使えなくなることを恐れている。

村の森を見に出かけた。森の中に幅一メートルほどの板でできた道が作られている。これは伐採のために村人が作ったものだという。泥炭地は泥濘《でいねい》なので、板を敷いて道を作らないと木材を搬出することが難しい。そこを初めはオートバイで進んだが、途中から木道の幅は狭くなり、とうとう板一枚になる。これではオートバイでは進めないので、歩いて進んだ。周りの森を見渡すと、かなりの巨木がそびえている。高さ二〇メートル以上のフタバガキ科の樹木がある。高値で取引されるラミンという樹種も見られた。木材は以前はマレーシアに売っていたが、今は地元での取引のみという。

泥炭地でこれだけの大きな森を見たのは初めてだった。人の手が入らなければ、泥炭地でも豊かな森が存在することがわかった。

森の中を進んでいたら、急に視界が開けた。そこには湖があった。あまり大きなものではないが、鬱蒼とした森に囲まれた、湖畔の美しさに魅了された。地元の人たちはこの湖で漁業もするという。

村の人が集まっていたので、話を聞いた。植林開発が来たのは一〇年以上も前からだという。村の近くに水路ができたときから反対運動が起こっている。だが、村には土地に関する権利書などはない。自分たちが森を使う権利を守るのは難しい状況だ。

私は、この湖を中心とした保護区を作ればいいのではないかと思った。しかし、村人の森林伐採も厳密には違法である。保護区になったら村人の利用は制限されてしまうことになる。このような伝統的な森林利用と保護を両立させるのは難しい問題だ。

◉――ジャンビ州での対立

植林地をめぐる対立はリアウ州だけではなく、スマトラ島のいたるところで起こっている。

リアウ州の南にあるジャンビ州でも問題は起こっている。二〇一四年七月、それらの現場をまわった。

ジャンビ州北部のセニャラン村では、村人が自分たちの土地だとしている四万ヘクタールが、APP社に原料を供給しているWKS（Wirakarya Sakti）社の植林地にされてしまった。村と企業は、話し合いでは問題が解決できなかった。そこで二〇一〇年に村人は抗議行動を起こした。そのときのビデオを地元NGOに見せてもらったが、あまりの激しさに愕然とした。村人は植林木を搬出する川を小型の漁船を並べて封鎖した。すると会社は警察を呼んだ。警官隊により実弾が発射され、一人の村人が射殺されたという。怒った村人たちは木材を運ぶ艀《はしけ》を燃やした。とても大きな事件となった。その後は地方政府が介入して和解が成立した。当然、村は土地の返還を要求した。そして四〇〇四ヘクタールが村に戻ったという。たった一割ほどの土地が戻っただけだが、これで一応の解決を見たという。

しかし、この村の隣のスンガイ・ランダック村では問題は解決していないという。そのことを調べるため村に向かった。

この地域には大小たくさんの川がある。橋が架かっているが、その橋の両側が沈下している。橋げただけが地面から飛び出してしまっている。はっきりとした理由はわからないが、このあたりは泥炭地なので、植林開発にともなう排水によって地盤沈下が起こっているのではないだろうか。とにかくこれでは私たちが乗ってきた車では進めない。途中の村でオートバイを借りることにした。

村に着いて、農民グループのリーダーであるタムランさんから話を聞いた。この村は以前はセニャラン村の一部だったが、現在は一つの村として独立している。だが、村の広さはよくわからないという。境界はわかっているが、ちゃんとした測量はしていないからだ。六三六世帯あり、地元の人のほかに移住者も住んでいる。ほとんどが農民で、主な農産物は米、ココヤシ、ビンロウジ、油ヤシなどだ。

ＷＫＳ社との対立について聞くと、「二〇〇四年に植林地が造成されました。そこは私たちが考える境界から八キロメートルも村の中に入っていたのです。会社に苦情を言ったところ、六・五キロメートルのところでアカシアの植林は止まりました。会社の決めた境界から村寄りの一キロメートルは村人が作物を植えています。間の五〇〇メートルは緩衝地帯として空き地になっています」と言う。

村人の考える境界と会社が決めた境界には八キロメートルもの相違がある。これを調整するとなるとかなり難しいだろう。

境界にある村の農地に向かった。このあたりはかなり深い泥炭地だ。大きな道はないのでオートバイで進んだ。住居の周りにはココヤシや油ヤシ、ビンロウジュなどが植えられている。しばらく畑の中を進んでいくと行き止まりになる。バイクを降りて歩いて行くと、幅五メートルほどの水路にぶつかった。その向こうにアカシアが植えられている。泥炭地なので水の色は真っ黒で、水深はかなりありそうだ。これではこの先に行くことはできない。この水路が村と植林地の境界となっている。だが、この水路から村側も安全とはいえない。今は植林開発が止まっているが、将来どうなるかはわからないという。

◉――山間部での対立

WKS社と住民の対立はさまざまな場所で起こっていた。ジャンビ州中央部のルブック・マンダルサー村は、広大な植林地に村が飲み込まれてしまった。

村を訪れてみると、このあたりは小高い丘が続く丘陵地帯だ。ところが森に覆われているところはなく、灌木や農地がえんえんと続いている。

農民グループのリーダーだという、ジャイスさんの家を訪ねて話を聞いた。この村のことを聞くと、村の広さはよくわからない、村役場に地図はあるようだが普通の村人は見ることができない、たぶん二万五〇〇〇ヘクタールくらいあるだろうと言う。八つの集落からなり、約七万六〇〇〇世帯が住んでいる。地元民のほかに移住者も多い。

WKS社との対立について聞いた。

「二〇〇五年頃に会社は開発を始めました。ただ、そのときは道路を造るということしか言いませんでした。そして二〇〇六年に道路が造られました。ところが、道路沿いが植林地として造成されたのです。そこには村の土地も含まれていました。私たちは抗議しましたが、聞き入れられませんでした。そこで四〇人の村人は力ずくで工事を止めようとしました。すると会社は軍人や警察を連れてきたのです。そのときは村人が協力して追い返しました」

その後、地方政府が解決策を出すと言ってきたが、二〇〇七年になっても何の連絡もなかっ

ルブック・マンダルサーの広大な植林地

たという。会社に苦情を言ってもらちがあかない。業を煮やした村人はとうとう実力行使に出た。

「私たちは一一台の重機やトラックを燃やしました。このとき警官隊が来て、一三人が逮捕されました。その後、四人は釈放されたものの、九人は一三か月間拘留されました。私たちは土地を守ろうとしただけなのに、まったく納得がいきません。その後も抗議は続けました。しかし、二〇一三年になると会社は植林した木を収穫し始めたのです。私たちはその跡を返してほしいと言い、五〇〇ヘクタールが返還されました。今、そこに作物を植えています」

たった五〇〇ヘクタールとは、取られた面積から比べたらほんの微々たるものだろう。だが、少しでも村の権利を認めさせたことは前進といえる。

翌日、オートバイで植林地を見に出かけた。村を出るとすぐにアカシアやユーカリが植えられている。高台から見ると見渡すかぎりの植林地が広がっている。ジャイスさんは、「村の土地は一万二〇〇〇ヘクタールくらい取られました。ＷＫＳ社は補償金を払うと言っていますが、いまだに村人は何ももらっていません。今も警察官が村に来て、会社に抵抗するなと脅しを受けています。問題は村長が会社側についていることです。前の村長は今、ＷＫＳ社で働いています。今の村長はその人の甥なのです」と言った。

村長が会社関係者の親族では、開発を止めるのは難しいだろう。村長は選挙で選ばれたが、不正があったり、脅されて投票した人もいるという。

今後どうしたいのかを尋ねた。

「会社には三〇〇〇ヘクタールの土地を返してほしいと思います。もともと村の土地だったからです。会社がここに居座るのなら、村の開発に協力してもらいたい。学校やモスクを建ててほしいです」

現実的にはもはや植林地をなくすことなどできないだろう。村の人たちは会社とどう折り合いをつけるかを考えるしかない。

植林地によって何が困るかを尋ねた。

「植林地の道路は土ぼこりがひどいですね。交通事故もあります。そのときは賠償金をもらっていますが、もし死亡事故になれば、お金の問題ではありません」

植林地が開かれてからは洪水も頻発しているという。村人は、橋を造るために川幅を狭くしたことが原因だと考えている。しかし私は、植林のための森林伐採が原因ではないかと思う。植林地は自然の森に比べて保水力が激減する。

村人が取り戻した農地には、トウモロコシやバナナなどが植えられていた。だが、周りはすべて植林地に囲まれている。これではこの農地も安全だとはいえないだろう。村人は不安を抱えながら、農業をせざるをえない。

スマトラ島のいたるところで植林地開発による問題が起こっている。そんな状況でもＡＰＰ社は操業を拡大している。年間二〇〇万トンのパルプ生産能力のある工場を、新たにスマトラ島に造る計画がある。

このままでは地域住民と大企業との土地をめぐる争いは終わりそうにない。

ロカン・フル県の広大な油ヤシ農園

IV

森を消す油

◉——森を破壊する農園

インドネシアにおいて、今や森林破壊の最大の原因は油ヤシ農園だろう。インドネシアには現在、約一〇〇〇万ヘクタールの土地に油ヤシが植えられている。だが、この農園を作るためにたくさんの森が伐採された。一九九〇年から二〇〇五年にかけて開拓された農園の半分が、森林を伐採して造成したといわれる。

とくにリアウ州には二〇〇万ヘクタールもの油ヤシ農園がある。リアウ州の面積はインドネシア全体の二パーセントを占めるだけだが、二〇パーセントの油ヤシ農園が集中している。リアウ州を車で走ると、このことを実感する。窓から見える景色は油ヤシばかりだ。製紙用の植林地には普通の車は入れない。植林地の中にある村に行くのでもなければ広大な植林地を目にすることは少ないが、油ヤシは幹線道路沿いにもたくさん植えられている。油ヤシ農園はスマトラ島に行くと普通に目にする風景だ。

油ヤシは熱帯の作物だ。日本で油ヤシが生産されることはない。日本人のほとんどは油ヤシ農園を見たことはないだろう。そのため、油ヤシが引き起こしている問題を知る人は少ない。

◉――身近な油

油ヤシとは、その名のとおり植物油の採れるヤシ科の植物だ。ヤシというと、ココナツのなるココヤシが有名だが、油ヤシはココヤシとはちょっと違う形をしている。幹は電柱のようにまっすぐで、先端から数メートルもある葉が放射状に十数本広がる。この葉の付け根に実が生る。一つの実はニワトリの卵くらいの大きさだが、それが数百個も固まって果房という塊になる。一つの果房の大きさは五〇センチメートルくらいで、重さは三〇キログラムにもなる。この果房は年間一二個ほど実る。油ヤシの実の含油率は二割ほどだ。

実の中には果肉と種がある。種はパーム核という。果肉からパーム油が、パーム核からはパーム核油が採れる。油ヤシは二種類の油が採れ、どちらも有用に使うことができるという珍しい植物だ。

現在栽培されている油ヤシは、果肉の多いものと核の大きいものを掛け合わせたもので、果肉も核も大きい。これはハイブリッドなので、この木からできた種をまいても同じ実はならない。元の種に分かれてしまう。収量の多い品種の種は特別に作られたものを購入しなければならない。

この油ヤシから採れた油が「地球にやさしい洗剤」などと宣伝されたことがあった。しかしながら、植物性油脂で作られた洗剤が、かならずしも環境に良いわけではない。

二〇一三年の日本の輸入量は、パーム油が五九万トン、パーム核油が九万四〇〇〇トンだ。これは日本のすべての植物油使用量の約四二パーセントにもなる。菜種油に次ぐ量だ。輸入先は八割がマレーシアで、インドネシアからは二割ほどである。日本のパーム油の輸入先は以前からマレーシアだった。インドネシアは最近になって生産を増やしているが、輸入はマレーシア産のほうが多い。

インドネシアからの輸入が少ないのは、精製油の輸出関税が高いことや輸出インフラの不備などがある。これらが改善されれば、今後インドネシア産のパーム油の輸入が増える可能性がある。品質においては以前はマレーシア産のほうが良いとされていたが、現在ではほとんど差はないという。

日本では八割が食用に使われている。主な用途としては、単体油が約九万一〇〇〇トン、マーガリン類、ショートニングで約二六万トン。そのほか、加工用として約二三万トン、非食用として約一三万トンだ。

一般に、液体の油で食品を揚げてしばらくすると湿り気を帯びてくるが、パーム油はそれが少なく、長時間カラッとした風味を保つことができる。それでケーキ、クッキー、即席麺、ポテトチップの揚げ湯などに使われる。また、食品の風味を変えないため、チョコレート、アイスクリームなどさまざまな加工食品に使用されている。食品以外では化粧品やプラスチック、合成ゴムなどに使われ、私たちの身のまわりのいたるところに存在する。

だが、製品表示ではほとんどが「植物油脂」としか書かれていないため、「パーム油」という名称はなじみがない。使われるときはパーム油だけでなく、ほかの植物油も混ぜられることが多いため、総称として表記されているからだ。

二〇一三年には世界のパーム油の生産量は五八四六万二〇〇〇トンで、植物油脂生産量全体の三六・二パーセントを占める。パーム核油と合わせると四〇・二パーセントで、二位の大豆油の二七・一パーセントを大きく引き離している。だが、一九九三年には一四三八万トンだった。それが二〇年で四倍にも増えている。二〇〇四年に生産量は一番になった。

二〇一四年の国別の生産量はインドネシアが約三〇〇〇万トン、マレーシアが約二〇〇〇万トンで、この二か国で八割以上になる。

なぜ、こんなにも急激に生産量が増えているのだろう。まず値段の安さがあげられる。日本の輸入単価を見ると、一トンあたりパーム油が八万八〇〇〇円、パーム核油が九万二〇〇〇円だ。日本でいちばん使われている菜種油は一四万九〇〇〇円、三番目の大豆油は一三万八〇〇〇円ほどだ。油ヤシから採れる油はこれらの六割ほどの値段だ。

この安さの秘密は、単位面積あたりの収量の多さにある。栽培条件によるが、油ヤシ農園からは一ヘクタールあたり年間四トンほどの油が採れる。これは大豆の一〇倍以上にもなる。この理由の一つとして、油ヤシは年間を通じて収穫できることがある。

さらに生産コストの低さもある。一トンあたりの生産コストは、アメリカの大豆油が三一三米ドル、ヨーロッパの菜種油は七五〇米ドルだ。これに対して、インドネシアのパーム油は二〇〇米ドルほどだ。

だが、この安さは低賃金労働者に支えられたものなのだ。アメリカの大豆農家は二〇〇ヘクタールをわずか二、三人で耕作しているが、油ヤシ農園は同じ面積で五〇から六〇人の労働者が必要だ。これでも、カカオ栽培に比べて四分の一、ゴム栽培に比べて半分の労働者しか必要としない。

油ヤシの生産は機械化されていないので、機械化の進んだ大豆栽培とは単純に比較はできないが、たとえ単収が一〇倍あっても、労働者が一〇倍以上必要ならば一人あたりの収入は少なくなってしまうだろう。油ヤシ農園の労働者には一か月一万円ほどの収入しかない人もいる。これでは、いくら物価の安いインドネシアでも生活していくのはたいへんだ。

◉——栽培の歴史

油ヤシはもともとインドネシアにあった植物ではない。原産地は西アフリカだ。現地の人たちは、昔から野生の油ヤシの油を利用していた。

西欧で産業革命が起こり、油脂の需要が増えた。その頃、アフリカは西欧の植民地だった。西欧人は油ヤシを見つけ、はじめは野生のものを採取していたが、それでは足りなくなり、人工的に大量に植え付け、プランテーション化して生産した。そしてアフリカ人が奴隷として働かされた。しかし、現在のアフリカの生産はあまり多くはない。主な生産国はナイジェリアだが、生産面積は一九六〇年代から最近まで三〇〇万ヘクタールくらいで、ほとんど変わりがない。近年少し増加傾向にあるくらいだ。

第二次大戦前の世界のココヤシ油の生産量が四〇〇万トンであったのに対して、パーム油の生産量はわずか数千トンにすぎなかった。それは、独特の臭気とカロチノイドによる赤い色が好まれなかったからといわれている。その後、脱臭、脱色ができるようになり、この問題は解決した。そして大戦後にパーム油の生産は急増し、一九七〇年代にはココヤシ油以上の生産量になった。

インドネシアでは、一八四八年にジャワ島のボゴール植物園に植えられたのが始まりといわれる。当初は街路樹としても使われたようだ。

油ヤシの大規模栽培が始まるのは一九一一年で、農園面積は一九一六年に一二七二ヘクタールで、一九三八年には九万二三〇七ヘクタールに増えた。生産量は一九二〇年に一五〇〇トンだったが、一九四〇年には二四万トンに増え、世界一の輸出国となった。しかし、第二次大戦の戦中は生産量が下がった。インドネシアの独立後、政府は外国人所有の農園を国有化し、国家主導で生産したが、この時代は政治的に不安定であり、油ヤシの生産の中心はマレーシアに移った。

その後、政情が安定してからは、インドネシアでの生産も増えていった。二〇〇六年に一五五二万トンとなり、世界一の生産国となった。輸出量も世界一で、二〇一三年には二一〇〇万トンであった。油ヤシ産業の輸出額は約一六六億米ドルで、これは全輸出額の九パーセントを占める。インドネシアにとって外貨獲得のための重要な産業になっている。

インドネシア政府には、二〇二〇年にパーム油の生産量を四二〇〇万トンに増産する計画がある。これは現在の約五割増しとなる。

また、二億五〇〇〇万人と世界第四位の人口を誇るインドネシアは、パーム油の消費量も世界一だ。二〇一三年には約九一五万トンを国内で消費している。

◉——熱帯林と油ヤシ

なぜ油ヤシはインドネシアで大量に栽培されるのだろう。

油ヤシの生育に適した気温は三〇度ほど。降水量は年間二〇〇〇ミリメートル以上が必要で、長期の乾季がないことが重要だ。苗が風に弱いので、台風が来るところでは栽培が難しい。つまり油ヤシの栽培に適したところは、熱帯雨林地域なのだ。インドネシアでは高地や乾燥の強い地域を除いて栽培が可能だ。栽培適地は五二〇〇万ヘクタールもあるという。これは国土の三割にもなる。一九九九年には農園作物としてはゴムを抜いて最大の生産面積になった。

だが、インドネシアの熱帯雨林は生命の宝庫だ。その貴重な森が油ヤシ農園のために消えている。インドネシアでは一九九〇年から二〇〇五年にかけて、油ヤシ農園のために三五〇万ヘクタールの森林が消えたといわれる。

油ヤシ農園を開拓できる森は、転換林といって、森林伐採の跡地や草原など、生態系としては劣った森にかぎられる。転換林は約二〇〇〇万ヘクタールあるが、そこだけではなく自然林や保護区とされるところまでが開発されている。その理由は国のいわゆる縦割り行政で、林業省内部でも部局間の意思疎通ができていないためだ。各部局で使っている地図が違うので、保護区とされるところに開発区域が設定されてしまう。

◉——運命づけられたプランテーション

油ヤシはその実の中に、油脂を分解するリパーゼという酵素が存在する。実が木に付いているときは実の中の油との接触は少ないが、果肉が傷つけられるとリパーゼによる加水分解が始まって、油の品質は急速に悪くなってしまう。一説には二四時間以内に搾油しなければいけないとされるが、早ければ早いほど良い。それに実はできるだけていねいに扱うことが必要だ。このため、搾油工場を農園の近くに設置しなければならない。工場は一定以上の原料供給がされなければ生産性は上がらないので、安定的に大量の油ヤシが必要となる。つまり、油ヤシは一つの作物を大規模に栽培するプランテーション方式でしか栽培できない。一つの工場を操業するために必要な農園面積は最低でも三〇〇〇ヘクタールといわれる。

数キロメートルにもわたる土地に油ヤシだけを植えられる場所は、広大なインドネシアといえども多くはない。それでプランテーションは、都市部を離れた森林地帯に作られることが多い。だが、その森の中には森林資源に頼って暮らす人びとがいる。彼らに対する影響は計り知れない。

◉——燃料としての油

最近では、パーム油からバイオ燃料が生産されている。バイオ燃料とは生物由来の原料を使った燃料のことだ。燃料は燃えるときに二酸化炭素を出すが、植物から燃料を作れば、その植物が育つときに二酸化炭素を吸収するので、結果的に二酸化炭素の排出はないと考えられる。

地球温暖化防止の観点から注目されており、また、枯渇していく地下資源への依存からの脱却の切り札としても期待されている。だが、バイオ燃料を作るためにも化石燃料が使われており、温室効果ガスの排出はゼロではない。

パーム油からは軽油の代替となるバイオディーゼル燃料が作られる。インドネシアのバイオディーゼル燃料の生産量は、二〇〇六年には二〇〇〇万リットルだったが、二〇一三年には約二二億リットルと急増している。

インドネシアは産油国だが、国内需要をまかなうほどの石油製品は生産できない。それでバイオ燃料を積極的に開発している。二〇二五年には、燃料使用量全体の二五パーセントをバイオ燃料でまかなうことを目指している。

しかし、インドネシアでは油ヤシの二割から三割は泥炭地に植えられている。泥炭地の土壌は酸性が強いが、油ヤシは栽培できるからだ。ところが、泥炭地は開拓するときに大量の温室効果ガスを放出する。泥炭地に植えられた油ヤシでバイオ燃料を作ったとしても、炭素が相殺されるのに四二〇年から八四〇年もかかるという研究もある。

それに泥炭地で何百年も油ヤシが栽培できるかどうかははっきりしない。こんな状況では、本当に二酸化炭素の削減になるのか誰にもわからないだろう。

◉——最大の農園を持つ州

リアウ州の油ヤシ農園は一九八〇年代まではほとんどなかった。一九九九年に六三万ヘクタールとなり、それが二〇一四年には二二九万ヘクタールに急増している。これはリアウ州の面積の三割にもなる。

これだけ急激に増えた農園は森林を開発したものが多い。油ヤシ開発と環境破壊は密接な関係がある。

◉——泥炭地の油ヤシ

二〇〇九年に初めて泥炭地を訪れたとき、広大な油ヤシ農園を見た。こんなところにまで植えられているのかと正直驚いた。水路が網の目のように通っているので、ちょっと見ただけでは灌漑用の水路のようだ。だが、この水路はまったく逆の働きをしている。水を供給しているのではなく、土の中の水を排水しているのだ。こうしなければ地面は水に浸かってしまい、油ヤシを栽培することはできない。

雨季には水に浸かっている油ヤシ農園を見かけた。冠水のひどいところではせっかく植えた油ヤシが枯れている。

そして乾季になると泥炭地では火災が頻発する。油ヤシ農園に延焼していることもある。農園を開拓する場合、森林を伐採して燃やすことがある。火入れは違法だが、今でもしばしば行われている。この火が燃え広がり、油ヤシ農園まで燃えてしまうとは何とも皮肉なものだ。

泥炭地の油ヤシ農園

◉——中核農園と協同組合

インドネシアでは多くの農家が小規模な農園を持ち、油ヤシ栽培を行っている。今では生産量の半分近くが個人の農家で生産されたものだ。だが、農民が単独で油ヤシ農園の開発をするのは難しい。搾油工場や実を運搬するトラックなど、かなりの資本が必要になる。そこで、インドネシアでは油ヤシ農園企業と農民が協力して油ヤシ生産を行うことを奨励している。

一九七六年、インドネシア政府は中核農園（ＰＩＲ：Perkebunan Inti Rakyat）という生産方式を始めた。これは企業が中核となる農園と搾油工場を持ち、この周囲で個別の農家が生産するというものだ。一戸あたり二ヘクタールの農園と、家屋や食糧自給の畑地として一ヘクタールが与えられる。企業は農家に対して、油ヤシの栽培方法を教えたり、農業資材を提供する。収穫物は企業が買い取る。そしてこの計画には移住者も参加した。

この方式は油ヤシ農民にとって望ましいやり方のように見える。ところが土地の造成代や油ヤシの苗、農業資材などは無料ではない。それらに対して借入金を負わされる。油ヤシが収穫できるようになっても企業に安く買いたたかれ、借金はなかなか返せない。

この計画に世界銀行は融資をしていたが、国際社会の批判もあり、一九八四年に撤退している。

一九九八年頃から「第一種組合用小規模貸付事業（ＫＫＰＡ：Kredit kepada Koperasi Primer untuk Anggotanya)」が行われるようになった。これは油ヤシ栽培に参加する農民が組合を作り、自分たちの土地を農園企業に提供する。農園企業はそこを油ヤシ農園に開発する。その後、企業が作った油ヤシ農園の一部は住民がもらえるが、その費用は農園をもらった農民たちが返済していくというものだ。この方式だと住民が農地を提供するので、企業は新たに森林を伐採することはない。これだと森林破壊は防げるかもしれないが、土地を持たない人は参加できないなど、この方式にも問題はある。

個人農家による油ヤシ栽培は実をすぐに処理しなければならないので、工場を持っている大企業に依存せざるをえない。実を保存しておくことはできないからだ。だが、実の買取価格が安くても ほかの企業に売るのは難しい。それで値段が安いと個人農家の不満が高まり、大農園との対立が起こっている。

◉――土地の権利をめぐる対立

油ヤシ農園は広大なため、開発のときに土地の権利に関する争いも起こる。これは製紙用の植林地開発と同じ構造だ。

二〇一一年七月。その対立を見るために、私はリアウ州西部に向かった。

プカンバルからカンパール川沿いに西に向かい、丘陵地帯に差しかかった。そこで幹線道路を外れ、しばらく進むと油ヤシ農園の中に入る。そこを抜けると道路沿いに家々が建ち並んでいた。ここはバンダル・ピチャック村第三集落という。この地区には四つの集落があり、それらがまとまって一つの大きな村を形成している。

村の人に話を聞くと、ここは三五〇世帯ほどで、村の人はゴム農園で生計を立てている。農園企業は村人のゴム農園を油ヤシ農園に変えようとしている。企業は組合方式で住民を油ヤシ農園に参加させようとしているが、村人にはきちんとした説明がなかった。

一九九六年にこの地域を政府が調査して、二〇〇七年に農園の操業許可が出ているという。村長や村の有力者たちが開発に同意して、許可が出たようだが、その合意内容は知らされていない。

今の状況を村人に尋ねた。

「今年の五月に、私たちのゴムの木に伐採予定の印が付けられました。私たちは抗議の意味で会社の作業小屋を燃やしました。そのとき警察官が来ましたが、幸い逮捕者が出るようなことはありませんでした。この村には五〇〇ヘクタールのゴム園があります。油ヤシの農園企業には二〇四〇ヘクタールもの開発許可が出ているのです。その中に私たちのゴム園も入ってしまいました」

採集したゴムの樹液は一キログラムあたり一万七〇〇〇ルピアで売れる。一ヘクタールのゴム園から一週間で七〇キログラムが収穫できるという。一戸の農家は二ないし四ヘクタールのゴム農園を持つので、週に二〇〇万から三〇〇万ルピア（約二万〜三万円）の収入になる。

「私たちはゴムの収入で暮らしていけるので、油ヤシはいりません。油ヤシ農園で働いても、ただの雇われ労働者です。そんなことにはなりたくない」と村人は言った。

この村の四つの集落のうち三つは油ヤシ農園に賛成しているという。反対しているのはこの第三集落だけだ。このままだと、この村全体としては油ヤシ農園を受けいれることになってしまう。それでこの集落ではここを独立した村にしたいと考えている。そうすれば自分たちのことは自らで決めることができるかもしれない。

翌朝、油ヤシ農園の造成地を見に出かけた。造成地までは広い道はないので、オートバイを借り、村人に運転してもらって山の中に向かう。

村の周りはたくさんのゴムの木が植えてある。その中にある小道をオートバイで走った。ここはかなり広いゴム園だ。山道なので速く走ることはできないが、一時間以上もゴム園の中を走った。

ゴム園を抜け、灌木の中に入ったとき、ふいにバイクは停まった。そこから森の中を少し歩くと、開墾された土地があった。数キロメートルにわたって森が切り開かれ、更地となっている。更地の向こうは自然の森が広がっている。

遠くに小屋があり、その周りにビニールの鉢に入った油ヤシの苗が植えられている。どうやらここは苗畑になるようだ。まだ数十本しか植えられていないが、今後はもっと増えていくだろう。小屋の周りでは労働者が数人働いていた。その中の一人が私たちに気づいて近づいてきた。だが、労働者は村人と少し話しただけで引き返して行った。彼らも村と企業の対立のことは知っているだろう。外国人が来て村の状況を調べていることが農園企業に連絡されればまずいことになる。警察でも呼ばれれば村の人にも迷惑がかかってしまう。まだ見たいものはあったが、しかたがないのですぐに村を後にした。

◉――口を閉ざす村人

リアウ州北部のバンタイヤン村は、六〇〇戸ほどの村だ。この地域は米の生産が盛んな地域だが、最近この村では水田を油ヤシ農園に変えている。米より油ヤシのほうが収益は良いと企業に勧誘されているからだ。ところが、ここでも土地紛争が起きていた。

村を訪ね、油ヤシ農家の組合長に会った。しかし、組合長はこの問題については話したくないと言う。今、裁判をしているので、外部の人には状況を話せないということだ。私は外国人で、ここで聞いたことは日本でしか発表しないと言い、話を聞かせてもらった。

彼は重い口をひらいた。

「このあたりは一九九七年まで森林伐採が行われていました。その後、伐採地は燃やされて油ヤシ農園になったのです。一九九八年に農園企業は村人を組合方式で油ヤシ生産に参加させようとしました。それで二〇〇一年に村の共有地五九七ヘクタールを会社に渡しました。五四〇戸が組合に参加しましたが、一四〇戸は油ヤシ農園をもらえなかったのです。これは納得できません」

どうやら土地が充分ではなかったため、企業は開発に参加したすべての住民に油ヤシ農園を分配できなかったようだ。そのため、村では二五億ルピアの賠償とすべての土地の返還を要求して、地方政府に仲裁を働きかけた。政府の返答は、企業に与えた土地のうち二割を返還するというものだった。村人はこの決定ではまったく納得できないという。それでもう一〇年も係争中だ。

後日、この件に関して担当の弁護士から話を聞くことができた。弁護士によると、企業が村人に組合方式を勧めたのは、油ヤシ農園の土地利用許可を取る場合、地元の人と共同することが必要条件とされているからだ。それで形だけ共同組合方式にすると言ってきたのではないか。裁判は法的には勝てるが、こういった問題では裁判官が企業側についてしまうこともある。企業は補償金を払うと言っているが、村では土地を返してもらいたいと考えているという。

すでに農園になっている土地を村人が取り戻すのは難しいだろう。だが、なんとか村人の納得できるかたちで解決してもらいたいと願う。

◉――大農園との対立

リアウ州北西部のロカン・フル県は、油ヤシ生産の盛んな地域だ。ここに民間の油ヤシ農家を支援する組織があると聞き、訪ねた。組織の名はＳＰＫＳ（油ヤシ農民組合：Serikat Petani Kelapa Sawit）という。

そこの事務所を訪れたが、決して大きくはない普通の住宅の一階が事務所になっていた。代表のシホタンさんは五〇代の気のいいおじさんといった感じの人だ。だが、話し始めると目つきは鋭くなり、意志の強さがうかがわれた。

彼は、個人農家が油ヤシを生産する場合にはたくさんの問題があると言う。たしかにそれらの解決に取り組むとすると、忍耐力が強くなければならないだろう。

彼によれば、ロカン・フル県には個人農家の所有だけで三〇万ヘクタールの油ヤシ農園がある。大企業のものも二〇万ヘクタールある。あわせて五〇万ヘクタールというのは、リアウ州の油ヤシの四分の一ほどにもなる。この地方の七割の農家は油ヤシ農園を持っているという。SPKSには四万軒の農家が参加している。中核農園の農家や土地を持たない移民労働者も参加できる。油ヤシの生産にかかわっている人なら、誰でも参加できるという。

主な活動は、油ヤシ農園の生産性を上げる指導や土地紛争の解決の手助けである。また、RSPO（持続可能なパーム油のための円卓会議：Roundtable on Sustainable Palm Oil）の認証取得を支援している。

RSPOとは、二〇〇五年に油ヤシの生産や流通にかかわる企業や環境NGOなどによって作られた組織だ。持続可能なパーム油生産のための原則と基準があり、認証制度もある。規定のなかには、新規開発において原生林や保護価値の高い森林の開拓はできないということもある。また、地域住民の生活に必要な場所の開発は認められないとされている。民間の組織なので法的拘束力はないが、認証を受けたものは環境や人権に配慮して生産しているというお墨付きとなる。

◉――広大な農園

このロカン・フル県にも土地紛争はある。北スマトラ州との州境にあるバタン・クムという村は企業の農園に土地を取られた。この企業は二〇〇三年に北スマトラ州で運営許可を取っている。ところが五五〇〇ヘクタールがリアウ州側に越境している。しかしリアウ州での運営許可は取っていないという。ＳＰＫＳは警察や行政機関に働きかけたものの、企業の農園に警察や行政は入れないという。これでは調査もままならない。ＳＰＫＳは裁判所に手紙を送ったり、ＲＳＰＯにも働きかけているが、問題解決にはいたっていない。

その紛争地を見に出かけた。車で町を出て小一時間ほど走ると油ヤシ農園の中に入った。このあたりは丘陵地で坂道が続いている。丘を登り、高台から見渡した風景に私は思わず息を飲んだ。今までに油ヤシ農園をたくさん見てきたが、これだけ広大なものは初めて目の当たりにした。右も左もはるかかなたの地平線まで、見渡すかぎり油ヤシ農園が広がっている。森林らしきものはまったく見られない。よくもここまで植えたものだ。人間が自然を変えてしまう強大な力に体が震えるほどの恐怖を覚えた。

遠くに搾油工場が見えた。煙突からは煙が立ち上り、すでに操業は始まっている。だが、工場の近くは村の土地だったという。そこには家が数軒建っていたが、住民は追い出され、家は焼かれた。今はすべてが油ヤシに覆われている。村の痕跡はもはや見られない。

村の居住地に行き、土地を取られた人に会った。話を聞いた村人の男性は一二〇戸のグループに入り、ＳＰＫＳに参加している。

彼によると、このグループが管理していた四六〇ヘクタールの土地が会社のものとされた。そこはもともと村の森で、木材や森林産物を使っていた。彼らは北スマトラから来た移民で、土地の証明書などは持っているという。裁判を起こし、地裁では勝ったものの、会社が控訴して高裁では負けたという。村人は上告し、係争中だ。

私は二〇一二年の一月にもここを訪れたが、まだ紛争は続いていた。このときはシホタンさんの家を訪ねた。彼によれば前年の八月に会社との衝突があったという。会社が農園を広げようとしたが、それを阻止しようとした村人と争いになった。一五〇人の村人が会社の労働者が住む家や重機を燃やした。その後、警察がリーダーたちを首謀者として逮捕しに来た。シホタンさんも首謀者とされたため、身の危険を感じてプカンバルに逃げた。そこも安全ではないのでジャワ島まで逃げたという。最近になって息子が病気ということを聞き、帰ってきたそうだ。今のところ警察は来ていないという。

衝突が起こったという会社の造成地に行ってみた。しかし、そこに近づくことは危険だという。しかたなく遠くの高台から眺めてみた。造成地は見渡すかぎりの更地となっている。このあたりは丘陵地帯で、斜面には段差がつけられている。水平に地面が切られているので、地図にある等高線のようだ。

私は今まで何回も油ヤシの造成地を見てきたが、いつも、この生命のかけらも感じられない荒涼とした大地を見ると暗澹たる気持ちになる。ここは以前は生命豊かな森だったのだ。いったいどれだけの命が消えたのか。この責任は造成した企業だけにあるのではない。私も含め、油ヤシを利用しているすべての人の責任なのだ。

造成地の中を走る車がある。望遠レンズで見てみると、労働者を運ぶバスのようだ。どうやらこちらに近づいてくる。彼らと鉢合わせになるのはよくないだろう。私たちはあわてて現場を離れた。

油ヤシ農園の造成地では森のすべてが消える

こんな状況でもシホタンさんは油ヤシそのものには反対していない。油ヤシ生産は農民にとって良い収入源になるので、対立がなければ良いものだという。だが私は単一作物に過度に依存するのは危険だと思う。もしパーム油の価格が暴落したら、影響はとても大きくなる。自給のための食料やさまざまな作物を、バランスよく作ることが大切なのではないだろうか。

◉——発砲事件

油ヤシ企業と村人の対立を調べるうちに、油ヤシ農園に反対のデモをした村人に対して、警官隊による発砲事件があったことを知った。死亡者も出たという。

村人と会社の衝突があったとしても、射殺されるとは尋常ではない。そこで二〇一〇年七月、何が起こったのかを知るため現場に向かった。

リアウ州南部のシンギンギ郡に行き、プチュック・ランタウという場所を訪れた。この地域の人たちはＫＫＰＡ（組合用小規模貸付事業）方式で油ヤシのプランテーションに参加している。一九九七年に村は一一万ヘクタールの土地を農園企業に渡した。企業は油ヤシ農園を造成し、一万ヘクタールが村人のものとなった。五〇〇〇戸が参加したので、一戸あたり二ヘクタールの農園が割り当てられ、二〇〇二年から収穫が始まった。

そのとき収益が問題になった。じつはこの地域の人びとは油ヤシ農園で働いてはいない。企業は村人に管理を任せず、すべての作業をやってしまうという。なぜなら、村人は農薬や肥料を使いたがらない。経費がたくさんかかるからだ。しかし、それでは収量は上がらない。企業の農園の単収はヘクタールあたり五〜六トンだが、小規模経営の農家では二〜三トンにしかならないという。たしかに企業にしてみれば、かぎられた土地から最大限の収量を得ようとするだろう。

これでは村人はせっかく土地を企業に渡したのに、ただの地主として借地代をもらうだけになってしまう。それではたいした収入にならない。一戸あたりひと月二〇万ルピア（約二〇〇〇円）にしかならないこともあるという。もし二ヘクタールを自分で経営すれば、ひと月二五〇万ルピアになる。ゴムを栽培すれば、一ヘクタールあたり一週間で七〇万ルピアになるという。

このような状況のなかで、村人はずっと不満を抱えていた。企業と何回も話し合いを持ったが、問題は解決しなかった。この年の五月六日にも企業と話し合いをしたものの、解決にはいたらなかった。二三日に次の会合が開かれる予定だったが、企業は現れなかった。我慢の限界を超えた村人たちは、農園内の道路を封鎖し、自分たちで収穫を始めた。企業は警官隊を呼び、村人が農園から出ていくことを要求した。しかし村人は従わず、道路上で衝突が起きた。警官隊はゴム弾だけでなく実弾も撃った。そして逃げ遅れた四四歳の女性が犠牲になった。

私は事件の様子を撮影した写真を見せてもらった。警官隊は数十人もいて、非武装の村人を取り締まるものとはとうてい見えない。村人も数十人で横断幕を掲げ、道路を封鎖している。これだけの人数が衝突したとなると、その混乱状況はすさまじいだろう。怪我をしている村人の写真は無数にあった。

犠牲者の女性宅を訪ねた。家族は年老いた母親が一人だけだった。この女性には子どもが三

農園企業と村人の衝突で焼かれた家

人いるが、離婚して旦那さんはいない。子どもたちは別の村に移ったという。

私は母親にどんな思いかを尋ねた。彼女は、「警官はなぜ娘を撃ったんだ。撃つならこの老いぼれを撃てばいいんだ」と悲痛に訴えた。

村の中には数台の焼けたオートバイが無造作に置き去られていた。村人によれば、これは警官がやったものだという。

さらにところどころに焼け落ちた家がある。これらは油ヤシ農家組合長や村議員の家だ。この人たちは企業側に付いていて、利益を得ていた。デモをした村人が、報復のために燃やしたのだという。

油ヤシをめぐる争いの中でも、ここまで大きなことに出くわしたのは初めてだった。問題はますます深刻化している。このような悲劇を繰り返さないためにも、開発をする際には住民と充分に話し合いをし、彼らの意向をくみ取った開発をしなければならないだろう。企業による利益重視の開発計画では問題を引き起こすばかりだ。

◉――RSPOと対立する村

前述したRSPO（持続可能なパーム油のための円卓会議）認証の規定では、人権に配慮することも謳っている。農園に土地紛争などがあれば認証はされない。だが、認証を受けた農園でも住民との土地紛争があるという。二〇一一年七月、その現場を訪れた。

リアウ州中部のタンブン村は六〇戸ほどの小さな村であるが、農園企業に村の土地を奪われた。村人の話によると、油ヤシ開発は一九九一年頃から始まっている。一万二〇〇〇ヘクタールの農園が開かれ、タンブン村の一部がこの中に飲み込まれてしまった。村人は地方政府に掛け合って土地の使用権は認めてもらった。しかし、会社は土地を返していない。

村人によると、この企業はRSPOのメンバーではあるものの、さまざまな規定を遵守していないという。規定では、自然の川から五〇〇メートル以内の土地には農園は開けないことになっているが、ここでは守られていない。村の人は、なぜこの企業がRSPOの認証を取れたのか理解できないと言う。

村人とともに会社の農園を見に出かけた。村の周りはたくさんのゴムの木が植えられている。村のゴム園は一九六〇年代から開かれているという。たしかに幹の太さが五〇センチメートル以上もある大木がたくさん見られる。ゴムの木がこんなに大きくなるまでにはたいへんな時間がかかるだろう。

案内をしてくれた村人は、「私たちは昔からこの土地を使ってきたのに、なぜ会社に土地の使用権が与えられるのでしょうか。まったく納得がいきません」と、かなり憤っているようだった。

さらに進むと、油ヤシ農園に出た。油ヤシの木は高さ三メートルほどに育っていて、収穫も行われている。農園の中には幅二〇メートルほどの川がある。水路ではなく自然の川だが、そのすぐそばまで油ヤシが植えられている。これは明らかな規定違反だ。

投網で魚を捕っている人がいた。その人に話を聞いてみる。彼らはスマトラ島の西にあるニ

川のすぐそばまで油ヤシが植えられている

アス島から来たという。油ヤシの収穫労働をしているが、収穫は午前中で終わってしまう。それで午後は暇なので魚捕りをしているという。農園労働者はほかの土地から来た移民の人が多い。地元の人の雇用にはかならずしもつながらない。

村では地元NGOの助けも借りて、RSPOの事務所にこの現状を伝える手紙を送った。しかし、いまだに返事はないという。

◉──RSPO認証を目指す

RSPOの認証油は二〇一五年には世界の生産量の一八パーセントに達している。だが規定が厳しいため、大企業の農園でないと取得は難しい。そんななか、個人農家の組合でありながら、認証取得を目指す村がある。

リアウ州中部のドサン村はKKPA方式で油ヤシを栽培している。この村は二五九戸で、ほとんどが地元出身者だという。村長に話を聞いた。

この村の八割の人が油ヤシ農園を持っている。残りの人はゴム栽培や川で漁業をしている。以前は漁師が多かったが、漁獲高は年々減っているという。それで油ヤシ農家に変わった人もいる。油ヤシ農園は政府系の企業が造成し、二〇〇三年頃に二〇一軒の農家が譲り受けた。現在、村の農園は七二五ヘクタールある。そのとき、一戸あたり九三〇〇万ルピアの負債を負った。組合では収穫が軌道に乗る七年目から負債を返していく。私が訪れた二〇一一年七月の時点ではまだ返済は始まっていなかった。

ドサン村の油ヤシ農園

この村での実の買取価格は、一キログラムあたり一三八〇ルピアだ。しかし、売り上げのすべてが収入になるわけではない。油ヤシの生産にはさまざまな経費がかかる。肥料や農薬はもちろん、収穫や工場への運搬、農場の管理などにも労働者を雇うことがある。さまざまな経費を差し引くと、一戸あたりひと月四〇〇万ルピアほどの収入にしかならないという。この収入の中から借金を返すのはたいへんなのではないかと思った。組合長に話を聞くと、一〇年ほどで借金は返せるだろうと言う。その後は組合に資金を貯めて、農園の拡大を図りたいと話した。

この村では地元NGOの協力を得て、RSPO認証の取得を目指している。認証が取れれば付加価値が付き、高く売ることができるのだ。

村の農園を見に出かけた。道路脇には水路が掘ってあり、水の色が黒いことからここも泥炭地であるのがわかる。ただし、あまり深くはないようだ。

収穫の様子を見せてもらった。油ヤシの幹から果房を切り落とすと、いくつかの実が飛び散る。それを女性と子どもが拾っている。私が写真を撮ろうとしたら、同行していたNGOの職員は、これは児童労働ではないと釘をさした。RSPOの規定には、労働者の権利も厳しく定められている。児童労働や強制労働をさせている農園は、もちろん認証されない。

この村の油ヤシ生産はとても良い雰囲気だった。農園はきちんと管理され、土地紛争もない。労働者の権利も認められている。働いている村の人たちは幸福な笑顔にあふれているように見えた。今まで問題のある農園ばかりを見てきたので、うまくいっているところを見て安堵の気持ちが湧いてきた。こういったところこそ、認証が与えられ、利益を上げられるようにしてほしい。

◉――認証の村

個人農家の組合で、RSPOの認証を取った村がリアウ州にあるという。ぜひ見てみたいと思った私は、二〇一四年七月、南部のウコイを訪れた。

認証を取ったのは、トリムルヤ・ジャヤ、ブキット・ジャヤ、アイル・マスという三つの村で、三四九人が作った「アマナ」という組合だ。七六三ヘクタールの農園が二〇一三年七月に認証を受けた。個人農家の組合で認証を取得したのはインドネシアでは初めてで、世界でも二番目だという。

組合のスナルノさんからいきさつを聞いた。

この地域では一九八七年にアジアン・アグリという企業が農園を開いた。この村の人たちは移住者が多く、企業とともに油ヤシ栽培を始めた。そして人びとは自分の農園を持つようになった。その頃はRSPOのことは知っていたが、認証の方法などはわからなかった。アマナはRSPO認証を目指すために二〇一二年に作られた。そしてNGOや企業の人たちと協力して認証取得を進めた。さまざまな勉強会を開いたり、共同して農園を管理するための実地訓練もした。そして申請から一年後くらいに認証を受けることができた。

認証を受けるために何がいちばん難しいかを彼に尋ねた。

「いちばん難しいのは、人びとの意識を変えることです。農園をきちんと管理することや環境保全の考えなどはなかなかわかってもらえません。農薬の使い方をきちんとして、中毒や水質汚染を防ぐことや、ゴミをきちんと片づけるといったことなどを理解してもらうのが難しいのです」

彼によると、この三つの村で、すべての油ヤシ農家がアマナに参加しているわけではないという。その人たちは当然、RSPO認証を取っていない。そして、アマナとは関係のない業者に実を売っている。それはすぐに代金を払ってもらえるからだという。さらに業者から前借りもできる。アマナの支払いは月に一度だけだ。売ったお金がすぐに欲しい人はアマナには参加したがらない。だが、こんなことでせっかくの認証のチャンスを失うのはもったいないことだと思う。

認証を取ると、どれくらい値段が上がるかを聞いた。それは実の一キログラムあたりわずか一〇〇ルピアほどだという。一つの実は三〇キログラムくらいになるが、日本円でたった三〇円ほどの差にすぎない。これでは、たいへんな思いをしてまで認証を受けようとしないのもわかるが、認証を受けた農園は優先的に実を買い取ってもらえるという。搾油工場は、処理量を超える実が集まると引き取ってくれないことがある。それでは収入にはならない。

◉──管理された生産

認証を受けた農園を見に行った。たしかに農園の中はきちんと掃除が行き届いている。ゴミなどはほとんど落ちていない。

男性二人と女性一人が収穫労働をしている。一人の男性は長い柄のついた鎌で実を切り落としている。もう一人の男性は実を一輪車で道路脇の集積所に運ぶ。女性は地面に飛び散った実を集めていた。

彼らに話を聞いてみると、ジャワ島から来た移民だという。ただし、男性はスマトラにもう一四年も住んでいて、この仕事を始めてからは三年になる。収穫労働は一トンあたり一二万ルピアだ。彼らは三人で一日あたり四トンくらい収穫する。しかし、毎日仕事があるわけではないので、それで生活ができるのかを聞くと、彼は自分でも油ヤシ農園を持っていると言う。その農園はＲＳＰＯ認証は取っていない。ここが認証農園であることは知っているが、ＲＳＰＯのことはよくわからないと言う。

彼らはちゃんとヘルメットをかぶり、長靴を履いて作業をしていた。私は、村の農園でこのような労働者は初めて見た。以前訪れた、認証取得を目指していたドサン村でも、ここまでのことはしていなかった。かなりきちんとした農園管理をしなければ認証を受けられないとすれば、一般の村の農園ではかなり難しいだろう。

◉――唯一の希望

私は今のところ、油ヤシの問題を解決するためには、ＲＳＰＯ認証が重要だと思う。ＲＳＰＯにも問題はあるが、ほかに良い方法がないかぎり、この認証制度を進めるべきだ。ＲＳＰＯの規定の中には、二〇〇五年以降に自然の森を伐採して農園にしたものは認証を受けられないという項目がある。これにより、森林消失にも歯止めがかかることが期待される。

ＲＳＰＯの認証油はまだ一般的にも知られておらず、量的にも少ない。また、新興国の中国やインドなどは大量にパーム油を消費しているが、認証油は値段が高いためにあまり使われていない。

だが、この制度は現在のところ唯一の希望ともいえる。この認証制度が広がっていくことを願う。

伝統的ないでたちのオランリンバ

V

農園に暮らす幻の民

◉——プランテーションの中にある家

油ヤシの問題を調べているうちに、奇妙な写真を見つけた。油ヤシ農園の中に、ビニールシートで屋根を葺《ふ》いてある小屋が建っている。まるで、公園や河川敷などでホームレスの人たちが住んでいる小屋のようだった。いったいどんな人たちがこんなところに住んでいるのだろうか。

写真に添えられている記事を読むと、彼らはオランリンバといわれる狩猟採集民だという。クブと呼ばれることもあるが、これは蔑称である。狩猟採集民は近隣に暮らす農耕民から身分が下に見られ、蔑称で呼ばれることもある。

インドネシア語でオランは人、リンバとは密林という意味である。つまりオランリンバとは密林の人という意味になる。似た言葉にはオランウータンがあり、これは森の人という意味だ。だが、こちらは類人猿のことだ。

人間でありながら、類人猿より深い森にいる人と呼ばれるとは、いったいどんな人たちなのか。そして、なぜ油ヤシ農園に住んでいるのか。私はそれを知りたいと思い、二〇一一年にジャンビ州を訪れた。

州都であるジャンビの町に行き、地元NGOの「ワルシ」を訪ねた。この組織はオランリンバの生活支援をしている。

ここで案内をしてくれるクリスという若者に会った。彼は引き締まった体と、意志の強そうな顔つきをしている。もう数年間、オランリンバの問題に取り組んでいるという。

◉――農園の中の暮らし

彼とともに車でジャンビ州中部のパムナンを目指した。ジャンビの町からオランリンバの居住地までは数時間かかるという。車の中で私は、オランリンバの人びとと会えるかどうかが不安だった。リアウ州を旅していたとき、オランリンバの話をときどき聞いた。彼らは幻のような人たちで、会うことができたらかなりの幸運と言われた。

ジャンビ州にもたくさんの油ヤシ農園がある。リアウ州ほどではないが、州の面積五三四万ヘクタールのうち七二万ヘクタールが油ヤシ農園だ。

パムナンに近づくと、油ヤシ農園が目立つようになる。そして車は幹線道路を外れ、油ヤシ農園の中に入る。すると農園の中にビニールシートの屋根の小屋が数軒見えた。以前写真で見たものと同じだ。あまりにも簡単に見つけられたので拍子抜けしたが、これはクリスがオランリンバの調査を頻繁に行っているからだ。彼は今どこにオランリンバの居住地があるのかを熟知している。

家は直径一〇センチメートルくらいの棒で骨組みを作り、地上から五〇センチメートルくらいの高床だ。大きさは五メートル四方ほどだ。ビニールシートを屋根にしているので、遠くから見るとキャンプ場のテントのようだ。

近づいてみると、ほとんどの小屋には誰もいない。中を覗くと、鍋や皿などの食器や毛布等、生活に必要な最小限のものしかない。ところが、近くの小屋にはテレビや発電機が置いてある。アンテナはないので放送は見られないだろうが、ビデオなどを見ているという。だが、農園の中にある電化製品には言いようのない違和感を覚えた。

一軒の小屋に女性と子どもがいた。クリスが話しかけてみると、男性たちは仕事に出かけているという。男性がいないと写真も撮れず、話を聞くこともできない。オランリンバの人たちは映像を撮られることをとても嫌がる。とくに女性や子どもは、男性の許可なしに撮影することはできない。このため彼らの存在はあまり一般に知られていない。それで「幻の民族」などといわれている。

これでは話が聞けないので、ほかの居住地に向かった。ふたたび農園の中を車で走ると、ビニールシートが見えた。近づいてみると、犬が突然飛び出し、けたたましく吠え始める。にわかに恐怖を感じたが、襲ってくることはなかった。その向こうの小屋には数人の人影が見える。男性もいたので話を聞くことができた。

ここには四家族が一週間住んでいる。昼間は男たちは仕事に出かけていることが多いという。どんなことをしているのかと聞くと、狩猟や採集をしているという。銃でイノシシやシカなどを狩る。また、ゴムの種や苗木を探して売るなどだ。農園の中に住んでいるのに油ヤシ農園では働かないという。

油ヤシ農園の中に小屋を建てている

食料は狩猟で動物を手に入れるが、そのほかは充分ではない。主食の米や野菜などは買わなければならない。ゴミを片付けていないので、家の周りにはたくさんの空き缶や食品の包装紙が散乱している。これだけの食料を買うとなると、かなりの現金が必要になるだろう。犬は狩りに使うために飼っている。初めは激しく吠えたてていたが、いつの間にかおとなしくなっていた。

驚いたことに彼らはオートバイを持っていた。しかし、このような住所もない状況では当然免許もない。厳密には違法だが、村人から現金で中古のバイクを買うという。彼らのバイクにはナンバープレートも付いていない。交通規則もよく知らないのだろう、ヘルメットをかぶって運転しているオランリンバを見ることはなかった。

彼らが住んでいるところは村人が所有している農園だという。たしかに大企業が所有する農園では管理が厳しいため、その中に住むことなどできないだろう。

どうしてここに住んでいるのかを聞くと、彼らは自分たちの土地がなく、家の作り方も知らないからだという。誰かに家を作ってもらうためのお金もない。ある男性が話した。

「私たちは以前はこの近くの森に住んでいました。そこが移住政策のために開拓されて住めなくなってしまいました。それで油ヤシ農園に住むようになりました」

油ヤシ農園には一ヘクタールあたり一〇〇本ほどの油ヤシの木が植えられている。木々の間は一〇メートルほどで、木が大きくなると日の光が遮られ、暑さをしのぐことができる。鬱蒼とした農園は森林に似ている気がする。森に暮らしていた狩猟採集民である彼らにとっては、意外に住みやすいのかもしれない。

彼らの中には携帯電話を持っている人がいた。インドネシアの携帯電話はプリペイド式で、銀行口座などがなくても使える。充電は人家で電源を借りたり、発電機やオートバイのバッテリーも使う。

狩猟は手作りの猟銃を使っている。弾丸も手作りだ。まず、鉛を溶かして草の茎に入れる。冷えて固まると紡錘状《ぼうすいじょう》の金属の塊ができる。それを弾丸として使う。火薬も手作りで、農薬などを利用している。銃を見せてもらうと、自分たちで作ったと言うがよくできている。

その銃を撃つところを見せてもらった。射撃のために銃身の先端から弾と火薬を込める。これでは火縄銃のように一発ずつしか撃てない。

引き金を引くと、轟音がとどろいた。このときは空砲を撃ってもらい、火薬の量も普段より減らしたという。だが、近くで写真を撮っていたら衝撃で体が震えるほどだった。

イノシシの肉は一キログラムあたり五五〇〇ルピアで売れる。イノシシは一〇〇キログラム以上の重さがあるので、狩猟が成功すればたいへんな収入になる。イノシシは週に一頭くらい獲れるという。

クリスによると、イスラム教徒の多いインドネシアでは、イノシシを捕って食べることはあまりない。しかし、イノシシは油ヤシの実や苗を食べてしまい、農民にとっては厄介な害獣だ。それでイノシシを捕ってくれるオランリンバを利用している。だから彼らが農園に住むのを黙認しているという。つまり、村人とオランリンバの共生関係ができている。

また別の居住地に行ってみた。そこは大きな居住地で二〇人以上が暮らしている。家の造りはみんな同じようだ。だが家から少し離れたところに、四、五メートル四方はある棚が作られている。何かと思い近づいてみると、棚の上には動物の肉が置かれて、下からは煙が立ち上っている。どうやら肉を燻製にしている。何の動物かと思い、よく見るとマレーバクだ。特徴のある白と黒の皮膚がわかる。バクは大きくなると数百キログラムの体重になる。こんな動物を狩るとは、彼らの狩猟の能力はかなり高い。

居住者の男性に話を聞くと、二か月ほどここに暮らしていると言う。以前はもっと大きなグループだったが、移動を繰り返しているうちに離れ離れになった。

「昔は森に住んでいました。その頃は自給自足の生活でしたが、暮らしは楽でした。ここでは狩りが難しいので生活は苦しいのです」

ここには犬のほかにもニワトリがいた。近くの木に子ザルが紐《ひも》でつないである。これらの動物はペットとして飼われていて、食べることはないという。

驚いたことに、ここから学校に通っている子どももいる。アフマッド君という九歳ほどの男の子は小学校に通っていて、クラスで一番の成績を取ったという。

◉――政府の家

さらに別の居住地に行ったが、そこはほかと違い、長さ一〇メートルくらいの小さな家が建ち並んでいた。住民に話を聞くと、これは地方政府が建てたものだという。ここには一二軒の

手作りの銃で狩りをする

猿をペットにしている

家があるが、今は五軒しか使っていない。なぜかというと、この家には床がなく、土間のままだ。床を作る材料もないので住みにくいという。

またここには井戸もなく、川も遠いので水の確保がたいへんだ。雨季には雨水を使えるが、乾季になると水がなくなってしまう。

家の中を見せてもらうと、仕切りはなく、がらんとした一つの部屋になっている。部屋の一角に木や竹で床が作られ、寝床となっていた。部屋の隅には竈《かまど》が付けられている。燃料は薪だけだ。

しかし、部屋の中にはテレビやＤＶＤプレーヤーがある。薪を燃料にしている家に、このような家電製品があるのを見ると奇妙な感じがする。娯楽のための道具だけが最新式のものというのは、物質文明が歪んだかたちで浸透しているような気がしてしまう。

現金収入をどうやって得ているかを聞くと、狩猟採集をしているが、油ヤシ農園でも働いているという。だが、この生活は人間としては最底辺の暮らしと言ってもいいのではないか。電気や水道などのインフラと呼ばれるものが何もないのでは、文化的な生活など望むべくもない。

◉――村人の思い

彼らの生活は、森の中を移動していた暮らしから急速に変わっている。それは森林の消失という外圧によるもので、彼ら自身が望んだものではない。しかし、オートバイやテレビ、携帯電話などの便利な消費財に触れてしまった以上、もう以前の自給的な生活に戻ることはできないだろう。この中途半端な状態は、まさにホームレスのようだ。オランリンバは社会からはみ出た存在として扱われているが、森がなくなってしまった今となっては、彼らも現代社会の一員として暮らしていかなければならないだろう。

私は、この地域の住民たちが、オランリンバのことをどう思っているかが知りたかった。そこで農園の近くにある家を訪ねて話を聞かせてもらおうとした。だが村人の口は重く、話したくないようだ。

しかたがなく、農園の中に行ってみた。男性と女性二人が収穫労働をしていたので、話を聞いてみた。彼らは移民だが、油ヤシ農園を持っているという。オランリンバのことをどう思うかと聞くと、一人の女性は「別に怖いとは思いません。小屋の近くでも収穫はできます。彼らは邪魔をしなければ危害を加えることはないので、とくに問題はないです」と言った。

クリスは、彼の知り合いの小学校の先生に話を聞いてみようと言う。先生の勤める学校にオランリンバの子どもが通っている。その先生の家に行ってみた。まだ若い女性で、教師になって三年だという。生徒数三〇〇人の学校に勤めている。

オランリンバの子どもは以前は七人通っていたが、今は二人しかいない。この二人は、農園に住んでいる。ワルシの支援で、学校に通うようになった。今ではインドネシア語もできるという。

「オランリンバの子どもに勉強を教えるのは難しいです。集中力が続かないので、話を聞いてくれません。以前、ほかの子どもの親たちは、オランリンバと遊ばないようにと子どもたちに言っていましたが、今はみんなが一緒に遊んでいます。もちろん私は同じように接しています」

水浴びをしないので臭いと言われ、差別的なこともあるが、そんなにひどいものではない。今、通っている子どもたちは成績が良いので、中学校にも行けるだろうという。

私は彼女に、個人的にはオランリンバのことをどう思っているのかを聞いてみた。

「正直に言うと、オランリンバの人は怖いと思います。物乞いに来るので食べ物などをあげると、また来るので困ります。洗濯物を盗られることがあるので気を付けています」

やはり若い女性だけに、家もない人たちに恐怖心を持つのは当然だろう。

村からの帰り道で、オランリンバの子どもたちを見かけた。クリスによると、村の中を流れる排水路でカエルや小魚を探しているという。だが、これは遊びではなく食料を確保するためだ。彼らにとっては大切な仕事だが、小川のような小さな流れではたくさんの獲物は望むべくもない。狩猟採集民である彼らが森を失っては、厳しい生活にならざるをえない。

◉――伝統社会を訪ねる

オランリンバの森の中の暮らしとは、どんなものなのだろう。私はそれを見たいと思い、二〇一二年一月、ふたたびジャンビ州を訪れた。ワルシの事務所に行き、今でも伝統的な暮らしをしている人たちはいるのかと尋ねた。

ワルシのスタッフによると、ジャンビ州で原生林が残っているのは国立公園くらいだ。州の中央部にあるブキット・ドゥアブラス国立公園では、今でも二〇〇〇人が狩猟採集の生活をしているという。そこに行くために、またクリスにガイドを頼んだ。

翌日、サロラングンにある国立公園の事務所を訪ねた。ここで国立公園に入る許可を取らなければならない。国立公園のパンフレットに入域料のことが書いてあった。ただ訪れるだけなら一万ルピアだ。インドネシア人なら一〇〇〇ルピアでいい。だが、調査や商業用の撮影では一〇〇万ルピア以上が必要なこともある。私はワルシの建物に行くだけだと言って、一万ルピアのみを払った。

ブキット・ドゥアブラス国立公園は、六万五〇〇〇ヘクタールの広さがある。国立公園のある地域にはもともと保護区があった。それに伐採跡地を加えて二〇〇二年に制定された。インドネシア語でブキットとは丘で、ドゥアブラスとは数字の12のことだ。その名のとおり、この地域は緩やかな山々が連なる丘陵地帯となっている。

公園の近くの町で食料を買い込んだ。森の中には私たちが食べられるものはあまりないという。私は以前にも、熱帯雨林に暮らす狩猟採集民を訪ねたことがあった。そのときに森の中は思った以上に食料が乏しいというのは知っていた。

町を抜けて小さな村に差しかかったとき、ふいに車は停まった。もう公園はすぐ近くだが、この村にオランリンバの人たちが住んでいるという。そこで彼らに話を聞いてみることにする。このオランリンバの家は地方政府が建てたという。二〇〇四年に七〇世帯が移り住んだが、定住生活に適応できずに森に戻った人たちもいる。このときは二四世帯が暮らしていた。

公園の中にはゴムなどの農園もあるという。公園が制定されたときにすでに村や農園があったため、移動させることはできない。オランリンバの中にはゴム農園で働いている人もいるが、そこは自分のものではないことが多い。彼らは土地を持ってはいないのだ。

「私たちは政府の勧めでここに移住してきました。でも、何の援助もありません。ジャワ島から来た人たちは土地をもらえるのに、なぜ私たちはもらえないのかまったくわかりません」

年配の男性はこう話した。

ここの人たちは政府の勧めでイスラム教徒になっている。メッカ巡礼をした人もいる。彼らとしては、政府の言うことに従ったのに生活が苦しくなったのでは納得がいかないだろう。

そこを離れ、また車で走る。未舗装の脇道に入り、しばらくしたら、大きな建物の前に着いた。ここがワルシの現地駐在所だという。二〇メートル四方もある大きな二階建ての木造家屋だ。この建物は、ワルシの職員がいないときは、オランリンバの人たちが管理しているという。小さな売店もあり、日用品を販売していた。

この日はここに泊まり、翌日、公園内に向かうことになった。

◉——昔ながらの暮らし

翌朝、目が覚めると、あたり一面は朝霧に覆われていた。森の様子はうかがえないほどだ。森の中からテナガザルの鳴き声がうるさいほど聞こえてくる。

軽く朝食をとってから出発した。森の中に入ると、ひと抱えもある大木がいたるところに見られる。この森はかなり手厚く保護されている。獣道のような小道があり、一列になって歩くが、前の人と少しでも離れると歩くところを見失いそうになる。

それでも森の中を歩くのは気持ちが良い。圧倒的な樹木の密度は、生命の豊かさを実感できる。自分もこの地球に生きる生命体の小さな一つにすぎないことを、あらためて思い知らされる。

昼頃になって、ワルシが建てたという大きめの小屋に着いた。横二〇メートル縦五メートルほどの横長で、一・五メートルほどの高床になっている。この建物は学校としても使うという。

そこに一人のおじさんがいた。彼はグリップさんといい、この地域の慣習的リーダーだ。彼のグループは三〇世帯ほどだというが、彼の物腰は控えめで人を威圧するような感じは受けなかった。

彼は私たちが来るのを事前にわかっていたと言う。数日前までここには彼の家族も住んでいたが、私たちが来るので自分たちの居住地に移ったそうだ。神のお告げにより私たちが来るのがわかったと言うが、そんなことはないだろう。クリスは駐在所を管理する人に対し、私たちが来ることを携帯電話で事前に伝えていたので、それが彼にも伝わったのだろう。だが、ここは「神のお告げ」という考えが今でも生きている世界なのだ。

ひと休みしてからあたりの様子を見に出かけた。森の中を少し進むと、ゴム、キャッサバ、バナナ、トウガラシ、パパイヤ、マンゴスチン、ランブータンなどの農作物や果樹が植えてあった。これはグリップさんが植えたもので、農業は最近始めたという。彼はもう狩猟採集だけでは生活が成り立たないと考えている。

その近くに数軒の小屋が集まっていた。ここはグリップさんの家族の家だ。彼は妻が二人いて、子どもは一一人ずつ生まれたが、五人が亡くなり、今は一七人いる。やはりリーダーになる人はすごいものだ。家の周りに女性と子どもが十数名いた。女性は大人でも腰巻布だけで、上半身は何もつけていない。私たちを見てもとくに恥ずかしがることもないが、写真や動画の撮影は断られた。彼らは災いが降りかかると考えているのだ。

オランリンバの文化を少し教えてもらった。それらは女性や子どもに関するタブーがとても多いように感じた。たとえばサンガリスという樹木は、子どもが生まれると胎盤を根元に埋めて子どもの健康を祈る聖木で、それに傷を付けるだけで罰せられるという。もし伐採したら、五〇〇着の服を村人に配らなくてはいけない。

居住地に人一人が寝られるくらいの小さな小屋があった。これは何かと思ったら、産室だという。妊娠七か月くらいになったらここに住み、身のまわりの世話はほかの人にやってもらう。それは出産に専念してもらうためだ。一回の出産で一度しか使わないという。その近くにある家は床が二段になっていて、子どもが乳離れするまでは男性は上の段に上がれない。これは頻繁な妊娠から女性を守るためだろう。このような細かい掟《おきて》は無数にあり、森の中の生活でも自由気ままというわけにはいかない。

だが、この居住地には誰もいない。ほかの居住地に行ってみたが無人だ。不思議なことに、家の骨組みはあるが屋根を葺いているビニールシートがない。住民はどうしているのかと思っ

国立公園に住むオランリンバの母子

た。村人によれば、この時期はドリアンの実る季節で、人びとはその木の近くに留まっているという。果物の王様といわれるドリアンは大木で、実を採るには熟して自然に落ちるのを待つしかない。先に見つけた人のものとなるので、人びとはこの時期、ドリアンの木の下で暮らしている。

ドリアンの木があるところに行ってみると、ビニールシートで屋根を葺いた小屋がいくつかある。ここには女性と子どもが多かった。グリップさんの奥さんがいたので、話を聞くことができた。彼女たちはここに来てまだ一日目だという。四〇日くらいここで過ごし、ドリアンの実を一〇〇個くらい採るという。このドリアンの木は野生で、彼らが植えたものではない。実は自家消費するだけで、売ることはないという。

◉——森への思い

この夜はワルシの小屋に泊まる。グリップさんに、オランリンバにとっての森とは何なのかを聞いてみた。

「森はとても重要です。森には生活を支えてくれるさまざまな産物があります。私たちは森を失ったら生きてはいけないでしょう。そして森には神が住んでいます。森がなくなれば神もいなくなる。私たちは何を信じて生きていったらいいのでしょうか」

狩猟採集民は自然崇拝であることが多い。森は生活を支えてくれるだけではなく、心のよりどころにもなっている。

この公園の森は、二〇〇〇人のオランリンバにとって充分な広さがあるのかを尋ねた。彼は、「今は充分ですが、まだ伐採も続いています。このまま森がなくなっていけば、今後はどうなるかわかりません」と不安をあらわにした。

インドネシアでは、国立公園といっても樹木が完全に保護されるわけではない。森林伐採やプランテーション開発が入ってくることもある。それにオランリンバの人たちにとってみれば、国が一方的に決めた境界の中に住めと言われても困惑するだけだ。彼ら自身の生活範囲がある。オランリンバにとって、国立公園の中か外かというのは関係ないだろう。

夜になると森の中は漆黒の闇に包まれる。虫の音がうるさいほどだ。だが耳を澄ますと、ピコピコと電子音が聞こえてきた。目を凝らすと近くの小屋に小さな明かりが見える。どうやらスマートフォンのような電子機器を使っているようだ。しかし、この原始の森の中で聞こえる電子音には不思議な感じがしてならない。このような偏った経済発展によって、彼らの精神は混乱してしまわないだろうか。

◉――森を歩く

翌日、グリップさんに森を案内してもらった。七、八歳くらいの彼の息子が二人、付いてきた。

グリップさんは森を歩きながら、近くにある木々を手に取り、何に使えるかを教えてくれる。薬草がことのほか多い。木の葉を手に取ると、これは頭痛、これは腹痛、これは発熱に効くなどと、小一時間で十数種の薬草を教えてくれた。だが、私が見ても種の違いはわからず、残念ながら同じ葉っぱにしか見えなかった。

のどが乾けば、太い蔓《つる》を切って、その中の水を飲む。少しおなかがすけば、籐《とう》の若芽をつまんだりする。森の中は、知識があればナイフ一つでさまざまな食べ物が手に入る。

彼の息子たちは小学校低学年くらいだが、もう食料は自分で確保しなければならないという。ここでは七、八歳の子どももはや親の庇護を受けられないとは驚きだ。

小動物用の罠《わな》を作るのを見せてもらった。つり竿状のよくしなる棒を斜めに立てて、その先に籐の紐で輪を付ける。それを地面に固定して、輪の中に動物の足が入ったら紐が締まり、釣りあがる仕掛けだ。障害物を設け、輪の中に誘導するようにしている。これはいわゆる跳ね罠だ。罠といえばこのタイプを思い浮かべるほど一般的なものだ。

またネズミ用の罠は、長さ三〇センチメートルの小枝を幅二〇センチメートルくらいに並べて立てる。その間に太さ二〇センチメートルくらいの丸太を渡す。ネズミが丸太の下に入ると、丸太が落ちてネズミがつぶされるという仕組みだ。どれも、森の中で手に入る材料だけであっという間に作ってしまう。このような罠は何種類もあり、簡単な作りだが効果的なものだ。

天然の毒素で魚を捕るのを見せてもらった。ブリシルという木の皮を砕いて小川に流すと、めだかくらいの魚が浮き上がってくる。酸で魚をマヒさせているという。天然の毒で魚を捕るのは話に聞いたことはあった。このときは少量の毒しか流さなかったので、小さな魚しか捕れなかったが、実際に魚が浮いてくるのを目の当たりにすると不思議な気がするものだ。

跳ね罠を作る

森を歩いていたら、木々が切り倒された場所に、幅二〇メートル四方で高さ二メートルくらいの大きな台があった。これは儀式のためのステージだという。その中央には松明《たいまつ》を置く台がある。ここに明かりが灯されて夜通し行われる儀式は幻想的なものだろう。だが、ここに暮らす人しか参加することはできない。このステージですら、クリスも初めて見せてもらったという。これも写真を撮ることはできなかった。

◉——たいへんな帰り道

翌日には、ワルシの駐在所に戻ることになった。アディが、帰りは行きと違う道を歩いたらいいのではないかと言う。そうすればまた違ったものが見られるだろう。

私もそれはいいと思い、同意した。ガイドを頼んだオランリンバの若者は、六時間くらいで戻れるだろうと言う。荷物は別の人に持って行ってもらうことにした。ところが、この決断はとんでもない事態を招くことになった。

こちらの道はかなり上り下りが多かった。そして、このあたりは鬱蒼とした森になっている。木々で日光が遮られるのはいいが、湿気が多く、汗は滴り落ちる。それで体は激しく疲労する。飲み水を少ししか持ってこなかったことを後悔した。川がないので水を補給することもできない。

しばらく歩いていると、森の一角が切り開かれ、更地となっている。だが、そこに一本だけ高さ三〇メートルもある巨木が聳《そび》えていた。木の幹には、小さな杭がたくさん打ち込んである。

クリスが、これはシアランだと言う。シアランとは樹種の名前ではなく、オオミツバチが巣を作る木の総称だ。何種類かあるが、すべて巨木になる。また、木の幹はなめらかで登りにくいものが多い。これはミツバチの天敵のマレーグマを避けるためだ。マレーグマは木登りも上手なため、低い木では巣を壊され、蜂蜜を盗られてしまう。そのため、ハチは高いところに巣を作るようになったという。ところが人間は梯子《はしご》をかけたりして巣まで登ってしまう。ハチを弱らせるために薬草の葉を燃やしたりする。蜂蜜の採り方は地方によって違いがあるということだが、秘密にされている。蜂蜜を採れる人は選ばれた少数の人であることが多い。収穫のときは儀式も行われるという。

ここにある木は、蜂蜜を採ってもまたすぐに巣が再生されるという。それで切り倒されることはなく残っている。また、シアランの木は聖木とされ珍重されている。伐採されることはめったにない。だが、森林伐採や農園開発では地元住民が大切にしている木が切られ、大問題となることがしばしば起こる。

昼頃になってオランリンバの居住地に着いた。ここには角材や板などの材木で作られた家もある。しかし留守のようで、食料も水も得られなかった。

その近くにも居住地はあった。これらはよく見かける、ビニールシートで屋根を葺いたものだ。住居の近くには褌《ふんどし》一つの男性がいる。手には槍《やり》を持っていた。家の中を覗いてみると、女性たちがリスのような野生動物を調理していた。

ここでも食料は手に入らない。だが、いまさら戻ることもできないので、とにかく先に進む

野生動物を調理する

ことにする。

六時間と言われたので夕方には着くのかと思ったが、森から出る気配はまったくない。途中の川で水を補給できたので、なんとかひと息つけたが、体力の限界はとっくに超えていた。日も暮れかけてきた頃、森が開けた場所に出た。木々が切り開かれ、焼かれている。ここはオランリンバが焼き畑を開いているところだという。国立公園内でも、住民が農業に使える地域もある。この公園の六割はオランリンバなら使うことができて、ゴムや果樹、野菜などは作れる。だが、油ヤシはだめだという。

そこを抜けると、灌木の中に入った。ここは伐採や焼き畑の跡の二次林だ。これで公園の外に出たと思い、気持ちを奮い立たせた。ところが行けども行けども灌木の林は続く。あたりが暗くなり始めた頃、ゴム農園に入った。やっと公園から出たようだ。そこでオートバイに乗っている村人に出会った。彼らと交渉して村まで乗せてもらうことにした。

そこから村まではオートバイでほんの一〇分ほどだった。だが、ここは一昨日に来た村だ。ここからワルシの駐在所までは車で三〇分ほどもかかる。もし歩くのなら、どう考えても六時間で帰れる行程ではなかった。

村に着き、冷たい飲み物を飲んで、生き返った気がした。地元の人を信用しないわけではないが、私たちとは時間の感覚が違うということを認識させられた。そしてまた、熱帯雨林の中を歩くのは、安易な気持ちではままならないことをあらためて実感した。

◉——オランリンバ殺人事件

以前、油ヤシ農園に暮らすオランリンバを訪ねたときは、村人との深刻な対立はないということだった。しかしいろいろ話を聞いているうちに、やはり問題があることがわかってきた。二〇一一年一〇月にパムナンで、二人のオランリンバが村人によって殺害されたという。二人も殺されるとは尋常ではない。何があったのかを知りたくて、二〇一二年二月、現場に向かった。

油ヤシ農園にある居住地を訪ね、現場にいたという人の話を聞いた。暴行を受けたというドュユンさんは四〇歳くらいの男性だ。彼は狩りに行くためオートバイに乗っていて、たまたま現場を通りかかった。知り合いのオランリンバが村人ともめているのを見て、何があったかを近くの人に聞いた。すると、彼もオランリンバなので、加勢に来たと思い込んだ村人が襲いかかってきたという。棒で頭を殴られ、致命傷にはならなかったものの一二日間入院した。

彼の頭にはそのときの傷跡が残っていた。治療代は村人や地元政府が払った。彼は慰謝料として一二〇〇万ルピアを受け取った。そしてこの件は示談となり、誰も逮捕されていない。彼は通りかかっただけで事情はよくわからないが、ほかにも現場にいた人がいるという。その人も怪我をしたが、命に別条はないという。私たちはもう一人の生存者を探した。

被害者がいるという居住地を訪れた。ここには昨年に会った人たちもいて、私のことを覚えてくれていた。

驚いたことに、昨年に話を聞いたハルンさんの息子が犠牲になったという。そのとき一緒に襲われたというタムリンさんに、事件について話を聞いた。

それは、ハルンさんの息子が村人の果樹に生っている実をもらおうとしたことが発端だった。村人はいったん了承したが、彼があまりにも多く採ってしまったため、村人は怒って暴行を加えた。彼は逃げながら携帯電話で兄を呼んだ。このとき、タムリンさんは兄と一緒にいたので二人で助けに向かった。ところが村人たちは彼らにも暴行を加えた。村人は、油ヤシの収穫に使う刃物の付いた棒で、彼らを突いたという。私は事前に遺体の写真を見せてもらっていたが、後頭部に刃物で切ったような傷があった。棒のような鈍器で殴っただけではこんな傷はできない。これは明らかに殺意があったと考えられる。

果物を多く採ってしまったからといって、殺すことはないだろう。だが、ワルシのスタッフによれば、このようなもめごとはしばしば起こっているという。村人の中には、勝手に農園に住み着いているオランリンバのことを快く思っていない人は多い。日頃の不満がちょっとしたきっかけで爆発することがある。

ハルンさんは二〇〇〇万ルピア、タムリンさんは四〇〇〇万ルピアを受け取り、示談になった。これはオランリンバにとっては大金だろうが、人一人の命には軽すぎる。

この居住地ではニワトリや犬も飼っていて、ちょっと見ると村のようでもある。だが、ここは村ではない。他人の土地だ。このような対立が続けば、彼らが農園に住むことは難しくなるだろう。

◉――変わりゆく生活

森林消失の影響でオランリンバの生活は急速に変わっている。もっと彼らの生活を見たいと思い、二〇一四年一月、またジャンビ州を訪れた。

以前も訪れたパムナンに行き、油ヤシ農園に向かうと、ビニールシートの屋根がいくつか見えた。ここは大きな居住地だ。一〇軒ほどの小屋がある。このグループのリーダーであるサルカウィさんから話を聞いた。

「私たちは三年ほど、この地域を移動しながら暮らしています。村人からは、農園から出て行けと言われます。でも、私たちは昔からこの地域で暮らしていたのでここにいたいのです」

たとえ森林が失われても、彼らはここは自分たちの土地だと思っている。

「森がなくなったのは一九八二年頃で、移住政策による開拓で森林が切り開かれました。その後、一九八六年頃に油ヤシ農園が作られたのです。私たちはそれ以前からここで暮らしていました。いまさらどこに行けというのでしょう。行きたくても、よその土地には人が住んでいます。どこにも行くところはありません」

この居住地には子どもが多い。よちよち歩きの子から、小学生くらいまで十数人が遊んでいた。子ども用のおもちゃもあり、みんなで遊んでいるところは村の子どもと変わらない。だが、小さい子どもは服を着ていない。少し大きな子は服を着ているが、洗濯をしていないのでかなり汚れている。

ここから七人ほどが小学校に通っているという。学校は三キロメートルほど離れたところに

油ヤシ農園に住むオランリンバ

ある。食事代などでお金がかかるため、毎日は行けない。

そこにいた三年生の男の子に、将来何になりたいかを聞いてみた。すると、彼は警察官になりたいと言う。だが、このような住所もはっきりしない生活では、公務員になるのは難しいだろう。

サルカウィさんは大きな家を持っていた。木材でできた、屋根も壁も床もある家だ。村人に作り方を教えてもらって自分たちで建てたという。近くに池があり、魚を育てている。彼はここに永住するつもりだと言うが、家のすぐそばに油ヤシの木々が迫っている。本当にここに住み続けられるかは定かではないだろう。

◉——ゴム園に暮らす

さらに別の居住地に向かった。車を降りてから灌木の中を歩く。このあたりに油ヤシ農園はない。オランリンバの人はどうやって暮らしているのだろう。林を抜けると小さな広場に出た。長さ二〇メートルほどの大きめの小屋が広場を挟んで二棟ある。大きな家だが、屋根はビニールシートだった。

ここには十数人の村人がいた。住民のリーダーによると、ここに二ヘクタールのゴム園を持っているという。一週間で七〇キログラムの生ゴムが採れる。一キログラムあたり九〇〇〇ルピアで売れるという。ゴムの木は先祖が植えたもので、どのくらいの期間、生産しているかはよくわからないそうだ。

かなりの現金収入があるようで、家の近くにはオートバイが数台停めてあった。彼らは長期間ここに留まっているので、半定住の生活といえる。しかし、なぜ家を建てないのかと聞くと、作り方がわからないので建てられないということだった。

◉――農民として生きる

ジャンビ州北部とリアウ州にまたがってブキット・ティガプル国立公園がある。面積は一二万七〇〇〇ヘクタールで、この地域では貴重な森林地帯だ。ティガプルとは30という意味で、ここも山々が連なる丘陵地帯になっている。

ここにもオランリンバの人たちが暮らしているという。公園近くのパマユガン村に行き、情報を集めた。村の人によると、この村の周りにオランリンバのグループが六つあるという。彼らとの間に何か問題はないかを聞くと、多少のトラブルはあるという。その一つを聞くと、昨年、二人の村人がオランリンバの家の近くで立ち小便をしてしまった。オランリンバは怒って村人のオートバイを没収した。その後、返してもらおうと交渉に行ったがだめだった。そこで多数の村人で押しかけ、力ずくで取り返したという。

これはオランリンバとの認識の違いから起きたことだ。たかだか立ち小便くらいでオートバイを取り上げるとは、私たちの認識からすれば極端だと思われる。だが彼らにすれば、掟を破った者は罰として物を差し出す習慣がある。立ち小便はかなり重い罪になるようだ。このようなこともあるとはいうものの、大きな対立は起きていないらしい。

今ではオランリンバも村の土地で農業をしていて、村の人から農業技術を教わっている。それでお互いの理解は進んでいるという。

翌日、オランリンバに会いに出かけた。ガイドをしてくれるNGOの人とオートバイに二人乗りで出発した。森林伐採に使われていた道があり、バイクは快適に走れる。緩やかな丘が続いているが、森らしいものはない。そして、この地域も製紙用の植林地が広がっている。

丘を登っていくと陸稲の畑に出た。焼き畑で稲を栽培している。ちょうど脱穀作業をしている人たちがいた。立てかけた板に稲の束をたたきつけて籾《もみ》を落としている。機械などはないのでたいへんな作業だ。彼らに話を聞くと、夫婦で働いているという。旦那さんはオランリンバだが、奥さんはジャワ島から来た移民だという。ジャワ島から来て、こんな電気もないようなところで暮らすのはたいへんだろう。いろいろ込み入った事情がありそうだ。彼らはこの近くに住んで、農業をしているという。居住地はすぐ近くだというので、そちらに向かった。

少し進むと、道沿いに少し大きめの小屋が見えた。屋根は草葺きだが、壁や床は材木でできている。家と言ってもいいようなものだ。

ここには二世帯、一五人ほどが暮らしている。長老に話を聞くと、彼が子どもの頃にこの地域にやってきたが、その頃すでに稲やゴムは作っていたそうだ。ときどきは森に行って林産物をとってくる。狩猟はあまりやっていない。魚を捕るだけだという。

水は川から汲んでくる。米はほとんど自家消費で、年に一回、雨季にだけ栽培している。この家には子どもが数人いたが、学校へは行っていないという。

ここが国立公園の近くであることを知っているかと尋ねた。

「ああ、知っているよ。以前、国立公園の職員が来て、木を切るなと言ってたな。でもここは私たちの土地だ。あなたたちの指図は受けないと言ってやった」

たしかにオランリンバの人たちにすれば、昔からここで暮らしてきたのだから、外部の人から突然規制を押し付けられるのは受けいれがたいだろう。

家の周りを歩いてみると、ゴムの木がたくさん植えられている。その向こうには鬱蒼とした森が広がる。ここはもう国立公園との境界だ。

オランリンバの人たちの中には、古くから農耕をしている人もいる。狩猟採集民といっても状況に応じて、臨機応変に生活を変える。彼らは思った以上にさまざまな生活形態を持っている。かなり適応力のある人たちなので、今の急激に変化している暮らしにも対応できるかもしれないと思った。

◉——キリスト教を受けいれる

オランリンバの人たちは伝統的には自然崇拝だ。だが、森を出た人びとは新たにキリスト教を受けいれている。イノシシを食べる習慣のある彼らは、イスラム教徒になることは難しい。イスラム教ではイノシシやブタを食べることは厳禁だ。

二〇一四年一月、パムナンに新しい教会ができたというので見に行った。そこには十数軒ほどの家があった。以前も見た政府の建てた家だ。その近くに二〇メートル四方の新しい大きめの建物があった。十字架やキリスト像はないが、ここが教会だ。この建物はオランリンバの人たちが建てたという。屋根はトタン葺で、壁は板を張り合わせてきちんと作られている。

私が訪れた日は日曜日で、礼拝が行われていた。中に入ると、大人も子どもも三〇人ほどが牧師の話を聞いている。椅子や机はないので、コンクリートの床に敷物を敷いて座っている。一月なので、まだクリスマスの飾りが残っている。話をしている牧師は北スマトラ州から来たバタック人だ。バタック人はブタを食べる習慣があり、キリスト教徒であることが多い。

この教会はできてまだ七か月だが、毎週五〇人ほどが礼拝に来るという。人びとは熱心に話を聞いている。驚いたことに献金もしている。現金などあまり持たない人たちだが、信仰はかなり篤いと感じた。

◉——オランリンバの映画

二〇一三年にオランリンバを主題として映画が作られた。それは「スコラ・リンバ（ジャングル・スクール）」というもので、環境保護活動家の女性がオランリンバの子どもたちに勉強を教えるという話だ。伝統的な暮らしと近代化のはざまで揺れる先住民族の姿がよく描かれている。そして、オランリンバにとって森がいかに大切かを教えてくれる興味深い映画だ。

私はオランリンバの取材をしていたとき、この映画に出演していた人を訪ねることができた。二〇一四年一月、ブキット・ドゥアブラス国立公園近くのゴム農園内にあるオランリンバの居住地を訪ねた。そこには十数軒の小屋があり、かなりたくさんの人びとが住んでいた。

村の人に話を聞くと、一五世帯約七〇人が暮らしているという。すでに一か月間ここで暮らしている。

ここでも狩猟採集をしているという。ちょうど亀を捕った人が帰ってきた。亀は仕掛け網で捕まえる。網を見せてもらったが、化学繊維の紐を使っている。本来は自然の素材で作るのだろうが、伝統的なものも変わっている。ここの人たちも携帯電話やオートバイを持っている。

近くから香ばしい匂いが漂ってきた。行ってみるとイノシシを調理している。木の枝で台を作り、肉を乗せ、下から火であぶって燻製のようにしている。私もひと切れごちそうになった。歯ごたえのある焼き豚のような食感だが、油が多く、口の中がベタベタになる。苦味は強いが、それが香ばしさを引き出している。野生の味だなと思った。

映画に出演した少年がいたので話を聞いた。ブンゴ君という一〇歳くらいの少年だ。彼は、映画に出たのは楽しかったと言う。そして、映画の影響によって、国立公園の森をオランリンバのために残してもらいたいと言った。

長老の男性は、「映画は若い人にとっては楽しいだろうが、年寄りは良いとは思っていません。なぜなら、私たちの文化ではないからです。本当ならやりたくないが、森を守れるならと思い、引き受けました」と言う。

狩猟採集民にとって森は命だ。それを守るためならなんでもやるだろう。

彼らは国立公園内に住んでいたが、メンバーの一人が死んだのでここに移動してきた。亡くなったのはまだ一五歳の少年だ。ここに来てから、ときどき遠くで女性の「ウォー」という呻

NGOによる教育プログラム

き声が聞こえていたが、その少年の母親の声だという。子どもを失った悲しみを歌うように嘆いている。オランリンバは仲間の誰かが亡くなると、その土地を離れる。そこは不吉だと考えるのだろう。生活の環境が変わっても、人の精神は簡単には変われない。

◉――ふたたび国立公園へ

二〇一四年七月、私はふたたびブキット・ドゥアブラス国立公園を訪れた。じつは二年前に来たときに、ワルシの駐在所を二か所訪れる予定だったが、二か所目に向かう途中の道路状況が悪くなり、車では進めず、やむなく引き返さざるをえなかった。今回はぜひ行ってみたいと思い、またクリスに同行してもらった。

幹線道路を外れると油ヤシ農園の中に入った。そこを抜けると広大なゴムのプランテーションに出る。私は二年前もここに来ていた。そのときは見渡すかぎりの更地が広がるだけだった。それから二年が経ち、ゴムの木はかなり育っているが、まだ収穫ができるほどではない。だが、こんなにも広大な農園でいったいどうやってゴム液の収穫をするのだろうと疑問に思った。

ゴムの林の中にいくつか木立が刈り残されていた。クリスによれば、そこにオランリンバの墓があるという。この農園では地域住民の文化は尊重されているようだ。

ゴム農園の先には森が広がっている。そこはもう国立公園の中だ。今回は道路状態は良い。車で難なく進むことができる。森の入り口に差しかかったら、見慣れた小屋がある。これはオランリンバの住居だ。彼らは今では森の奥から出てきて、公園の周縁に住んでいるという。それは消費財を使うことを知ったからだという。森の奥に住んでいては、買い物に行くのもたいへんだ。

私は少し拍子抜けした。二年前にここに来たときは、かなり伝統的な暮らしをしていると聞いていたからだ。たった二年で彼らの生活は急激に変わってしまった。

それでも私たちの車を見ると、女性や小さな子どもは家の後ろに逃げ隠れてしまう。森から出てきたとはいえ、外部の人を恐れる気持ちは変わりがないようだ。

そこから一〇分ほどで、ワルシの駐在所に着いた。ここも二年前に訪れたものと同じ造りで、幅二〇メートル、奥行き三〇メートルもある二階建てだ。一階の半分は吹き抜けで、倉庫のように荷物が山積みになっている。この荷物はオランリンバのものだという。

階段で二階に上がると、広間になっていた。がらんとした室内の隅には、やはりオランリンバの荷物が積み上げられている。

ここでワルシのスタッフであるテオという若者と会った。彼はオランリンバの教育支援をしている。彼によれば、勉強は男の子にしか教えられない。なぜなら女性と話をするのが難しいからだという。そして、オランリンバの女性を相手にするときは細心の注意が必要だという。

「女性に名前は聞けないんです。小さい子でもだめです。女性に触れることはもちろん、脱いだ服に触っても罰を受けます。罰としては布を渡したりします。おしっこをするときに女性に見られてはいけません。大きな声を出して女性が近づかないようにします」

私は建物の隣にあるトイレを使うとき、面倒なのでドアを開けていた。だが、絶対に閉めなければいけないという。もしも女性に見られたら、外国人であっても罰を受けることになる。

駐在所の周りで男の子たちが遊んでいた。一〇歳くらいだろうが、学校には行ってはいないという。森の中なら遊ぶものもあるだろうが、こんな灌木しかないところでは退屈だろう。それでも近くの木に登ったり、パチンコを撃ったりと、みんなで休みなく遊んでいる。一〇歳くらいになると、外部の人と接するのも問題ないようだ。私は写真を撮りながら彼らと遊んだ。

夜になると十数人のオランリンバが集まってきた。もちろんすべて男性だ。ここには発電機があるので、携帯電話を充電しに来ている。テレビもあり、放送は見られないがＤＶＤプレーヤーで映画を見ている。中国のカンフー映画で主人公が敵を倒すときには歓声が上がった。私は疲れていたので早く眠りたかったが、夜一〇時頃まで集まりは続いた。そのまま何人かはここに泊まっていた。

◉──開発される森

翌日、森の様子を見に出かけた。案内してくれたのはズルキフリーさんという初老のおじさんだ。オランリンバではないが、三〇年以上前からこのあたりに住んでいるという。昔からオランリンバと一緒に林産物を集めていた。

「昔は森が豊かで、食べ物もすぐに手に入りました。蜂蜜を一日に二トンも採ったことがあります。以前は森林伐採が盛んで、たくさんの木を切り出していました。でも、今はもう大きな木はあまりありません」

彼は昔を思い出すように話した。

オランリンバの子どもも二人付いてきた。彼らも退屈しのぎというところだろう。森の中に入ったが、大きな木はほとんどない。このあたりは森林伐採の跡地だという。あちこちにゴムの木も植えてある。このゴムの木は国立公園が制定される前からのものなので、そのまま残してあるという。森の中には小道があり、歩きやすいが、おびただしい数の山蛭《やまびる》がいた。休憩のときに靴の中を見ると、かならず何匹かの蛭がいた。オランリンバのように裸足で歩いていればすぐに気付くが、靴を履いていてはなかなかわからず、気付いたときには血を吸われて指の大きさまで膨れている。だが蛭が多いということは、それだけ豊かな森なのだ。

道の近くにひと抱えもある巨木が切り倒されていた。違法伐採かと思ったが、オランリンバが切り倒したという。よく見ると、木の皮が剝がされている。これは木の皮を儀式に使うためだ。そして、木材そのものは使わないで置いておく。この木をオランリンバ以外の人が持っていくことも許されないという。

さらに進むと森が開け、草原のような場所に出た。ここはオランリンバが開いたゴム農園だという。しかし雑草がはびこり、よく見ないとどこにゴムの苗木が植えられているのかわからない。ゴム農園の中には出作り小屋があるが、朽ちかけていて使われている気配はない。どうしてこんなことになっているのか。

ズルキフリーさんに話を聞いてみると、今、オランリンバたちは油ヤシ農園を手に入れて、そちらの仕事が忙しい。それでゴム農園の手入れはあまりやっていないという。このままでは雑草に覆われ、ゴム農園としては使えなくなってしまうのではないだろうか。

その先に幅三〇メートルほどの川があった。ひと抱えもある丸太が橋になっている。ズルキフリーさんと二人の子どもたちは、小さな巻貝を採り始めた。小一時間でレジ袋半分ほど採れた。これは今夜のおかずとなるだろう。

◉――油ヤシを求めて

翌日、オランリンバの油ヤシ農園を見に出かけた。オートバイを借りてクリスに運転してもらう。私とクリスとの間にオランリンバの子どもが挟まり、三人乗りで出かけた。

ゴムの農園を抜けると油ヤシ農園に入った。ここがオランリンバの農園だという。なぜ彼らが油ヤシ農園を持っているのだろうか。

クリスによると、ここで油ヤシ農園を運営していた企業は八〇〇〇ヘクタールの農園を持っていた。その企業はほかの企業に農園を売り渡した。だが、新しい会社は六〇〇〇ヘクタールの事業許可しか持っていなかった。二〇〇〇ヘクタール分が宙に浮いてしまった。それを近隣の村に分配したという。近くに住んでいたオランリンバの人たちも七〇ヘクタールの農園をもらった。そして油ヤシ生産をしている。

これで彼らが森から出てきたわけも納得がいった。農園に少しでも近いほうがいいので、森の外れに住んでいるのだ。また、油ヤシ生産によって現金収入が得られるようになれば、町に近いほうが買い物に便利だ。

一緒に来た子どもたちが収穫を始めた。二人の子は長さ一〇メートルほどの柄の先に、刃渡り五〇センチメートルの鎌が付いている道具を持ってきた。これを使い、実を切り落とす。この棒はかなり重いが、小学校高学年くらいの子どもたちが一人前に仕事をこなしている。切り落とした実は二〇キログラム以上の重さがあり、鋭いとげもある。それを布にくるんで肩に担いで運ぶ。子どもにとってはかなりの重労働だが、彼らは楽々とこなしている。森の中で暮らしてきた彼らにはすさまじい身体能力がある。

油ヤシの実は広い道の脇に置いておく。ここに仲買業者が来て買っていくという。実は一個が一万五〇〇〇ルピアだ。これは一般的な価格からすれば半額程度でしかないが、不満があってもここではほかの業者を探すのは難しいだろう。

子どもも二人でも一日三〇個ほど収穫する。売上金は親が管理していて、お金が必要なときにもらう。

だが、私はこの農園を見て不安を感じた。それは農園の管理がかなりずさんだからだ。この地域のオランリンバたちは農業というものをよくわかっていない。まず、地面は雑草で覆われている。そして油ヤシの木には蔓が絡まり、草だらけだ。さらに枯れた葉なども切り落としていない。もちろん肥料や農薬も使ってはいない。オランリンバのものとなってまだ一年ほどなので、手入れをしなくても収穫はできるが、将来は収量が減る恐れもある。

さらに、オランリンバの人たちは、村人の農園との境界がよくわかっていないという。村人の農園の実まで勝手に収穫してしまう。彼らにしてみれば、森で木の実を採るような感じなの

油ヤシ農園で働く少年

だろうが、自分たちの農園の収量が落ちれば、さらに外まで出てしまうだろう。このままでは村人との対立が起こる恐れもある。

クリスによると、この集団のリーダーは油ヤシの仲介業者から金をもらって、皆に安値での実の買い取りを認めさせているという。近くのゴム園からも金をもらっている。ゴム農園に対して邪魔をするなということらしい。さらに驚いたことに、リーダーは車を持っているのだ。もちろん運転はできないので運転手を雇っている。こういったことは集団のメンバーも知っている。それで彼の求心力は落ちているようだ。これではどれだけグループの団結力が保てるかもわからない。

収穫労働をしている少年に、村に住むのと森に住むのはどちらがいいのかと聞いてみた。彼は、森に住むほうがいいと言う。油ヤシの仕事はどうかと聞くと、それもやりたいと言う。彼は、「森に住んで油ヤシの仕事ができたらいいな」と言った。しかし、いいとこ取りはなかなかできないものだ。このままでは農園経営は続けられないだろう。

これまで私はさまざまな場所のオランリンバを訪ねた。彼らの生活は状況によってさまざまに変化している。自給自足的な狩猟採集の生活から、貨幣経済による消費財を使う暮らしにあっという間に変わっている。あまりにもその変化は早すぎるように感じる。

ただし、いくら貨幣経済になったといっても、森を使う暮らしはなくならないだろう。オランリンバのためにも、少しでも自然の森を残してほしいと思う。

慣習林の中の巨木

VI

希望の村落林

◉——一縷の望み

これまで書いてきたように、スマトラ島の森はさまざまな理由で急速に消えている。なんとかして森を守るすべはないものだろうかと調べているうち、地域住民が管理できる森があることを知った。それは慣習林といい、慣習法に則ってそこに住む人びとが森を使うことができる。慣習法とは、法律に明文化されてはいないが、伝統的に守られてきたいわゆる掟のようなものだ。このなかには森林を利用するための決まりもある。

森林地帯に生きる人びとは、昔から村全体で森を管理してきた。木材や森林産物を利用し、森を切り開き燃やす焼き畑耕作でいろいろな作物を作ってきた。伝統的な森林利用ではさまざまな決まりごとがあり、森林の再生力の範囲内でしか森を使えない。森がなくなってしまったら生活が成り立たないからだ。

だが、インドネシアでは森林の大半は国有とされている。地元民の使用権はあいまいで、法律的にはっきりしていなかった。そしてスハルト政権期には国家の権限が強調され、住民の土地の権利はないがしろにされていた。それが一九九九年の森林法の改正により、地元民の権利も認められるようになった。

◉――村に守られた森

慣習林がどこかにないかとNGOのワルシのスタッフに聞くと、ジャンビ州西部のググック という村は慣習林を持っているという。ワルシはこの慣習林の制定を支援していた。

二〇一一年七月、森を見るために村を訪れた。このあたりは丘陵地帯で、村のすぐそばまで山々が迫っている。

村の人に案内を頼み、森を見に出かけた。村の中には幅一〇〇メートルもある川が流れている。慣習林はその向こうだという。川のそばには慣習林があることを知らせる看板が掲げられている。

川にはつり橋が架かっている。幅一・五メートルもある立派なものだ。長さが一〇〇メートル以上もあり、かなり揺れるが、しっかりと作ってあるので恐さは感じない。川を渡ると森林地帯に入る。この森の一角が慣習林だという。森に向かって歩くと、しばらくは果樹やゴムの木が続いている。ここはまだ慣習林の外で、農業に使うことができる。

そこを抜けると鬱蒼とした森に入った。ここからが慣習林だという標識もある。この森は村から近いのに、よく保存されている。ひと抱えもある巨木があちこちに見られる。案内してくれた村人は、近くの植物を手にとって、何に使えるかを教えてくれる。材木として有用な樹木や薬草など、森の中には利用できる植物がたくさんある。私はスマトラ島のさまざまな場所で森を見てきたが、これだけ自然の森が残っている場所は初めてだった。それまで見た森は、国立公園の中であっても伐採が行われ、傷ついた森だった。ここには木が切り倒された跡はまったくない。直径二メートル以上の巨木があるのには驚かされた。かなり昔から保護されていたのがわかる。

森の中には村人が歩く小道があり、歩きやすくなっている。だが、このあたりは山岳地帯で上り下りが多く、体力はかなり消耗する。標高四五〇メートルほどの尾根に小屋があった。二階建てで、上にのぼるとあたり一面が見渡せる。近くの山には森が残っているが、遠くに見える丘陵地帯には木々は見えない。そこには畑や草原地帯が広がっている。保護地域との違いははっきりわかる。この景色を見て、どうかこの森を守ってもらいたいと思う。

ググック村で森を管理しているリーダーの一人に話を聞いた。この村は二二〇世帯で、地元民であるマレー人の村だ。広さは一万八〇〇〇ヘクタールある。村人のほとんどがゴム農家で、油ヤシ栽培もやっているという。

慣習林が制定されたのは二〇〇三年で、六九〇ヘクタールが保護されている。いきさつを聞くと、「一九九八年に商業伐採がこの地方に来ました。村の森の中も伐採地帯にされてしまいました。私たちはこのままでは森が破壊されてしまうと思い、村の森を守るために慣習林の申請をしました。森を次の世代に残すことが重要だと思っています」と、彼は話した。

慣習林に制定されるには何が難しいかを聞くと、「土地の境界を決めるのが難しいですね。地元のNGOの協力もあり、決定することができました」と言う。

この村では、申請してから制定されるまでに五年もかかっているという。小さな森を守ることさえ容易なことではない。

◉——村落林を訪ねる

慣習林でも森を守ることはできる。しかし慣習法が失われたり、森林がなくなれば、森林の使用権もなくなってしまう。あまり権限としては強くはない。

そこで住民が主体的に森を使うための村落林というものがある。村落林とは、村の行政機関が地元の国有林を借り受け、森林を利用するものだ。この規定は二〇〇八年に発令された。村落林として認められれば、期限付きではあるが村人は森を使うことができる。油ヤシ農園や製紙用の植林から森を守ることができるかもしれない。

二〇一三年にリアウ州で初めて村落林が認められたという。私はぜひその森を見てみたいと思った。そして二〇一四年の一月、現場に向かった。この制定には、地元NGOであるミトラインサニ財団が協力した。私はその事務所に行き、話を聞いた。

セガマイ村とセラポン村は約一万ヘクタールの村落林を申請していた。二〇一三年四月にそのうちの四〇〇〇ヘクタールが村落林として認定されたという。村落林はカンパール半島にある。ところが村はその近くではないという。セラポン村はカンパール半島の東にある島の中だ。セガマイ村もカンパール半島ではなく、カンパール川の対岸にある。だが、そこからボートで行くことは可能だという。私はセガマイ村に行くことにした。

陸路でトゥルック・ビンジャイ村に向かった。今はここまで道路が通っていて、簡単に行くことができる。この道は製紙用の植林材を運び出すためのものだ。初めて来たときは船でしか来られなかったことを思うと、たった五年だが隔世の感がある。

村に着き、あらかじめ借り上げていたボートに乗り込もうとしたら、急に川の水があふれ出した。洪水かと思ったが、天気は良く、大雨が降った気配はない。これは潮汐の関係で川が逆流しているのだ。この現象は現地ではボノと呼ばれている。なぜこんなことが起こるかというと、カンパール川の河口は大きな入り江となっている。満潮になり海水が上がってくると、上流では川幅が狭くなるので水があふれてしまう。だがすぐに水は引くので、村の人たちはあわてる様子はなかった。

そこからモーターボートに乗り、川を下った。入り江に出ると、幅は一〇キロメートルにもなる。対岸がかすかに見える程度だ。これでは川を下っているという感じはしない。

二時間ほどでセガマイ村に着いた。ここはカンパール半島の対岸にあたる。

この村は三五四世帯で、ほとんどが地元のマレー人だという。主な仕事は農業で、トウモロコシ、ココヤシ、ゴム、油ヤシなどの栽培をしている。漁業をしている人は少ないという。

村の中を歩くと、かなり深い泥炭地だ。土が茶色で細かい粒子になっている。まるでインスタントコーヒーの粉のようだ。土の上を歩くと土ぼこりが舞い上がり、足は茶色の泥だらけになる。家に上がるときは足を洗わなければならない。その日はNGOスタッフの知り合いの家に泊めてもらった。

◉――泥炭地の植林

翌日、カンパール半島に向かう船を捜した。小舟を借りることができたが、今日は天気が悪い。風が強く吹き、ときおり横殴りの雨が降ってくる。この状態では、小さい船で入り江を横切るのは難しいというが、大きな船では半島に着いてから内陸に向かうことはできない。泥炭地の川は浅いことが多いのだ。ところが、しばらく待っていたら雨は小止みになり、風も弱くなってきた。なんとか航行できそうなので出港することにした。カヌーくらいの小さな船で、船頭のほかには二人も乗るといっぱいだ。この船で入り江を横切るのは不安だが、思い切って乗り込んだ。

出港してみると、思ったほど波は高くない。ときおり水しぶきが入ってくるが、沈没する恐れはない。

一時間ほどで入り江を横切り、カンパール半島に着いた。内陸に向かう水路に入ったが、今は干潮で進めないという。この水路は水深が浅いため、満潮になって水面が上がらないと進むことはできない。小一時間して潮が満ちてきた。海水が上がってくると水の色が茶色くなる。それまでは泥炭地特有の真っ黒い水だった。

これでやっと進むことができる。船のエンジンをかけ、出発した。水路を進むと草原が広がっていた。このあたりは製紙用の植林地になっている。森林は完全に伐採されていたが、まだ木は植えられていない。

このあたりの水路はかなり狭く、小舟一艘分くらいしかない。水深も浅く、私たちは船を下りて水路沿いを歩いた。

そこを抜けると広大な植林地が広がっていた。碁盤の目のように水路が掘られている。細い水路には水がないものもある。大きな水路を選んで進んだものの、ときどき船底が引っかかる。最近は雨が少なかったために水深はかなり浅いようだ。

このあたり一面は見渡すかぎりアカシアが植えられている。大きなものは高さが二〇メートルくらいもある。こんなに深い泥炭地でよく育つものだ。水面の上に出ている泥炭層が二メートル以上ある。その下にはどれくらいの泥炭が堆積しているのだろう。

前方にたくさんの木材を積んだ艀《はしけ》が見えてきた。あまり大きな艀ではないが、かなりの数がある。艀の横をゆっくりと通り過ぎたが、曳いている船がなかなか見えてこない。三〇艘以上の艀が曳かれていた。ここからかなりの量の木材を運び出している。

そろそろ日も傾きかけてきたが、植林地を抜ける気配はない。今夜はどうなるかと思っていたとき、モーターボートに出くわした。これは海上を高速で航行できるものだ。なぜこんなところにあるのかと思ったが、植林企業の警備艇だという。私たちはいったん上陸させられ、なぜここにいるのか事情を聞かれた。

じつはセガマイの村落林は植林地に囲まれている。そこに行くには植林地を通って行くしかない。企業は、もし通るのならば許可を取れと言っているが、いちいち許可を取るのは面倒だ。それに、村人によれば企業は許可を出さないこともあるという。

どうしてこんなことになっているかというと、村落林というからには森でなければならない。

だが、森が残っている土地は村の近くにはない。リアウ州の森林は、人里から離れた不便な地域でなければ何らかの開発を受けている。それで村から離れた、交通の便の悪いところに残っている森を申請することになる。セガマイ村の村落林は以前は伐採地で、その後、放棄された場所だという。もはやそのような場所にしか森は残っていない。

警備員は少し話をしただけで帰って行った。そして私たちは先を急いだが、とうとう日も暮れて真っ暗になった。今日はこのまま野営かと思ったとき、水路が行き止まりになった。ここからは歩いて進むしかない。

上陸したが、あたりは真っ暗で周りの様子はうかがえない。どうやら森ではなく開けた土地だということはわかった。たぶん昼間見たような草原なのだろう。だが、歩いていると焦げくさい匂いがしている。懐中電灯の明かりでも、煙が漂っているのがわかる。このあたりは焼畑が開かれているようだ。あちらこちらに火の粉も見える。地面は熱く、私はサンダル履きなのでやけどしそうになった。そしてふいに背中に熱を感じた。ガイドが「服が燃えている！」と言う。どうやら、どこかの火の粉が付いたらしい。あわてて服を脱いだので、やけどをすることはなかったが、服の背中に大きな穴が開いていた。

暗闇の中を一時間ほど歩き、高床の小屋に着いた。これは農場に泊まるときの出作り小屋のようだ。だがかなり大きく、私たち九名が泊まるには充分な広さがある。私たち以外にも数名の村人がいた。やっと休むことができるとほっとした。もう夜も遅いので、インスタントラーメンだけで夕食とした。

◉——燃える泥炭地

翌朝、小屋から外を見て驚愕した。ここは広大な農地の中だった。見渡すかぎりの泥炭地が切り開かれ、焼かれている。あちこちの灌木からは煙が立ち上っている。遠くは霞んでいてよくわからないが、見える範囲で森らしいものはまったく見られない。こんなところまで畑を開いているとは、土地なし農民の問題の深刻さを痛感した。たとえ土地の権利があったとしても、泥炭地に火入れをすることは許されない。だが、スマトラ島で最近起きた森林火災の七五パーセントが泥炭地で発生したものだという。

そして泥炭地を開墾して農地としても、数年後には作物の収量は激減するという。作物が作れなくなれば不毛の地になり、放棄するしかない。

この頃、都市部では空が霞んでいたことがあった。排気ガスなのかと思ったが、何かおかしいような気がした。だが、これではっきりとわかった。焼き畑の煙が町まで漂っていたのだ。このところ雨が少ないいため、このような火入れはあちこちで行われているのだろう。

このような煙害の煙は、インドネシア国内だけでなく近隣諸国にまで広がっている。二〇一三年には当時のユドヨノ大統領がシンガポールやマレーシアに謝罪している。

ここから村落林はまだ遠いという。私たちは朝食もとらずに出発した。

しばらくは焼き畑の中を歩いた。このあたりは開かれたばかりらしく、まだ何も植えられてはいない。トウモロコシが少しだけあった。畑の中はあちこちから煙が立ち上っている。木も

燃える泥炭

燃える泥炭湿地林

草も燃え尽きているのに、何が燃えているのだろうか。近づいてみて驚いた。地面が燃えているのだ。泥炭は燃えるということは知っていたが、実際に土そのものが燃えているのを見ると驚きを感じた。こんなところを焼いてしまったら、火はすぐには消えない。

畑を抜けると藪の中に入った。あたり一面、背丈ほどの草が生い茂っている。私は短パンにサンダル履きで来たことを後悔した。ここに来る前は、村落林があるところは泥炭地で、てっきり湿地帯だと思っていた。当然、水の中を歩くことを覚悟していた。だが、このあたりは排水されて乾燥している。もしかしたらこの草原は焼き畑の跡地かもしれない。このように草地となってしまったら、作物を作ることは難しい。

二時間ほど草地の中を歩いた。このあたりは平地なので上り下りはない。歩きやすそうだが、草に行く手を阻まれる。山刀《やまがたな》で切り開きながら進まざるをえない。草の葉で体じゅうが傷だらけになった。このあたりには大きな木もないので、日差しが直接肌を刺す。

◉――静謐な村落林

疲労困憊になった頃、やっと森らしいものが見えてきた。だが村落林はもう少し先だという。森の中に入り、しばらく進むと小さな湖に出た。その近くに小屋が建っている。このあたりがセガマイ村の村落林だという。ここは以前、商業伐採が行われていたので、大きな木はあまりない。それでも鬱蒼とした森になっている。

湖に小舟があったので漕ぎだしてみた。湖の周りには高さ三〇メートルほどの樹木が立ち並

湖畔の村落林

んでいる。小さな中州があり、そこには伐採が入っていないようで巨木も見られた。小さな湖だが、幻想的な雰囲気に魅了された。このきれいな風景はずっと残ってもらいたいと思う。

このあたりは以前は豊かな森だったのだろう。巨木がなくなった今の状態では想像もできない。一緒に来た村人は、森の中にゴムの木を植えている。その様子をNGOの職員は写真に収めていた。このように村人が森を管理している証拠を残すことは重要だという。村落林は村が関与して初めて権利を主張できる。放置しておいてはいけないのだ。

そこに一時間ほど留まり、昼食をとった後、戻ることになった。帰りも灼熱の大地を歩いた。森がなくなった土地はまるで砂漠のようだ。

朝に出発した出作り小屋に戻ったときには、もう夕方近くになっていた。今日はもう村まで戻ることはできない。もう一泊、ここに泊まることになった。

翌朝、朝食もとらずに出発した。一昨日の夜に歩いたと思われる道を通った。まだ畑はあちこちで燻っている。

上陸した場所の水路に戻ると、船頭たちは待っていてくれた。すぐに小舟に乗り込み、出発する。また長時間狭い船の中かと思うと、気分は重くなった。そして水路を進み、昼近くになって植林会社の貯木場に来た。ここは行きには通らなかった場所だ。高さ一〇メートル以上に、大量の木材が積み上げられている。

さらに進むと、水路は行き止まりになった。これから先はどうするのかと思っていたら、一台のトラックがやってきた。なんとこれで船を運ぶという。どうやら一緒に来た村人は植林企業の労働者と知り合いのようだ。それで船を運んでもらうことを頼んだという。

船をトラックに積み込み、出発した。道は木材を運ぶのに使うため、よく整備されている。ほんの一〇分ほどで海に出てしまった。こんなにも簡単に帰れるとは拍子抜けした。行きはどれだけ遠まわりをしたのだろう。このように植林地をまっすぐ通れば、村落林はそんなに遠くはない。

今はちょうど引き潮なので、船を海に浮かべるのはたいへんだ。泥炭地の海岸は泥が堆積しているので、船を担いで歩くのが難しい。みんなで協力してなんとか船を浮かべることができた。出港してみると、今日は天気も良く、波もない。快適な船の旅だ。

だが、村落林に行くことがこんなにもたいへんなことだとは思いもよらなかった。これでは村の森といっても、管理するのは容易ではない。そして今回の旅では、かなりの奥地でも植林地開発や焼き畑が開かれていることを知った。こんな状況では、この村落林という試みでしか森は守れないかもしれない。

エピローグ

◉——人類共有の財産

一度で終わらそうと思った泥炭地をまわる旅は、五年にわたり七回、約二〇〇日にもなった。スマトラ島の中部という限定された場所であっても、訪れるたびに新たな発見があり、興味が尽きることはなかった。

私が初めてリアウ州を訪れたのは、二〇〇二年だった。そのときはまだ森が残っているのを見ることもあった。しかし現在では、保護されている地域を除き、低地にはほとんど森はない。リアウ州はここ一〇年にわたり森林消失率が一〇パーセントにもなっている。つまり、一〇年で森がなくなる計算になる。ここは世界でも最も森林消失が激しい地域なのだ。

私はこれまでリアウ州からジャンビ州にかけて車で二万キロメートル以上を走破した。そしてこのことを実感した。もう森はなくなってしまった。私はリアウ州を旅しながら、かけがえのないものを失った喪失感に苛まれていた。

私たち日本人からすれば、外国の森がなくなることなどどうでもいいと思う向きもあるだろう。外国の森はそれぞれの国が管理するのが当然だ。外国人である私たちに果たして何ができるのかと考えるかもしれない。

だが、私は熱帯林は人類共有の財産だと思う。人類のみならず、この地球にとってかけがえのないものなのだ。それがなくなることは世界全体で考えるべき問題だと思う。

◉――政治の動き

三二年間続いたスハルト政権が倒れ、民主化が進んだインドネシアは高い経済成長を続けている。この一〇年間は平均して年に五・八パーセントほどの経済成長率を誇る。しかし、経済発展を優先するその裏では、環境破壊や人権侵害などの負の現象が起こっている。これらのよくない面にも目を向けるべきだと思う。とくに、たとえ少人数だからといって、人びとを犠牲にする開発は許されないだろう。

そんななか、インドネシアでは森林を保護する動きがある。二〇一一年に当時のユドヨノ大統領が、天然林と泥炭地の新規開発を二年間停止する大統領令を出した。一部の例外はあるようだが、開発権の付与を停止している。これは、二〇一三年五月に二年間延長された。

また、製紙企業のＡＰＰ社は二〇一三年に、植林された木材しか原料として使わないと宣言した。

だがこれらに関して、私の実感としては、森がもはやなくなってしまったからではないかと思う。自然の森は伐採後の二次林といえどもいまや少ない。つまり、利用しようにも切る木はもうないのだ。ないものを使うことはできない。そこで、今後は自然の木は使いませんと言っているのだ。今までさんざん森林を破壊してきて、それがなくなったら保護すると言っているのは詭弁としか言いようがない。

スマトラ島の、世界で最も生態系の豊かな森はもはや消えてしまった。せめて残っている少しの森だけでも残してもらいたいと願う。

◉――新大統領への期待

二〇一四年に大統領に就任したジョコ・ウィドド氏は、実家は家具会社で、ガジャマダ大学の林学部の出身である。環境問題に強い関心をもち、私も訪れたトゥビン・ティンギ島を訪れ、現地の様子を視察している。泥炭地における油ヤシ農園開発許可を見直し、保護を優先すると発表した。また、環境省と林業省を合併している。今後の開発政策に対して、良い影響があることを望みたい。

◉――マラリアに感染

二〇〇九年に初めて泥炭地に向かうとき、いやな予感があったと書いた。それは思わぬかたちで現実のものとなった。

二〇一二年二月。スマトラから帰った私は、マラリアに感染していた。感染したのは泥炭地ではなく、おそらくオランリンバの居住地だと思われる。そこに病人が寝ていた小屋があった。病人の家では写真を撮られるのを嫌うため、カメラを持っていることを注意された。その病人はマラリアだったのかもしれない。そのときはすぐにその場を離れたが、この地域はマラリアの感染地域になっていたのだろう。

日本に帰国して数日経ってから三九度の発熱があった。初めはインフルエンザかと思い、近くの病院を受診した。しかし、インフルエンザではないという。ひとまず解熱剤をもらい、様子を見た。昼間は少し熱が下がるので大したことはないと思っていた。ところが数日経つと、まったく熱は下がらなくなった。熱は四〇度近くになり、意識は朦朧とした。とりあえず入院することとなった。しかしながら、日本の普通の病院ではマラリアの治療はできない。対症療法しか受けられなかったので、病状はかなり重篤化した。意識が薄れてきたとき、死を意識した。だが、自分のしたことに対して後悔はしなかった。熱帯林の中は人間にとって危険なことも多い。マラリアで死ぬということは熱帯林に殺されることだ。もとよりそれは本望である。マラリア原虫といえども森の大切な一員だ。

ほぼあきらめかけたとき、たまたま出向していた医師が東京の感染症専門病院を紹介してくれた。それで私は転院することとなった。転院先の病院で日本では未認可の薬を飲んだが、効果はてきめんだった。三日ほどで熱は下がり、一週間ほどで起きられるようになった。だが、後遺症はひどいものだった。私が感染したのは、マラリアの中でも最も危険な熱帯熱マラリアだった。これに罹ると血液成分が激減する。赤血球や白血球、血小板などの量が正常値の半分以下になった。つまり、血液の半分がなくなってしまったようなもので、ひどい貧血になった。それによりさまざまな臓器が影響を受けた。あと半日治療が遅れたら、腎臓が壊れ、人工透析をすることになったという。また膵臓がだめになり、糖尿病になった。一時期、インシュリン注射を打っていた。さらにはＰＴＳＤ（心的外傷後ストレス障害）症状をも発症し、パニック発作に襲われるようになった。

それらの治療に二年ほどかかったが、今では薬を飲むことはなくなった。しかし、まだ完全に治ったとはいえない。それでも病気になった後も、スマトラには二回ほど行くことができ、普通の生活を送ることもできるようになった。

◉――謝辞

この本は、旅のなかで私を助けてくれた、すべての人に捧げたいと思います。とくに、ほとんどの旅に同行してくれたアディには心からの感謝を伝えたい。過酷な状況にもひと言も不平を言うことなく、いつも笑顔を絶やさずにつきあってくれました。彼がいなければこの取材をすることはできなかったでしょう。

また、いろいろな情報を与えてくれた、日本やインドネシアのＮＧＯの方々にも心より感謝いたします。そして、本書を刊行していただいた新泉社編集部の安喜健人氏には謹んで感謝申し上げます。

これからあとどれくらい、熱帯林を見ることができるかはわかりませんが、これからもできるかぎり熱帯林にかかわっていきたいと思います。

二〇一六年三月

内田道雄

参考文献

プロローグ

『ＲＥＤＤ＋準備活動――アジア太平洋五か国の進捗』藤崎泰治ほか（地球環境戦略研究機関、二〇一三年）
「環境問題の科学を斬る」藤田香／斎藤正一／吉岡陽（『日経エコロジー』二〇〇五年二月）
『熱帯土壌学』久馬一剛編（名古屋大学出版会、二〇〇一年）
『失われ行く森の自然誌』大井徹（東海大学出版会、一九九九年）
『熱帯バイオマス社会の再生』川井秀一／水野広祐／藤田素子編（京都大学学術出版会、二〇一二年）
『森林林業白書　平成二七年版』（農林統計協会、二〇一五年）

第Ⅰ章

『フィールドワーク最前線』山田勇（弘文堂、一九九六年）
『水に浮かぶ森』鈴木邦雄（信山社出版、一九九七年）
「世界各地の森林と泥炭火災と防止技術」早坂洋史（『日本燃焼学会誌』五二巻一六〇号、日本燃焼学会、二〇一〇年五月）
「生物多様性保全から気候変動緩和へ」原田一宏（『林業経済』六二巻一〇号、林業経済研究所、二〇一〇年一

月）
「世界の泥炭地」林君雄（『土地改良』四三巻五号、土地改良建設協会、二〇〇五年九月）
『アジアの熱帯生態学』リチャード・T・コーレット（東海大学出版会、二〇一三年）

第Ⅱ章

「泥炭地域の保護をめぐる攻防」中司喬之（『JATAN NEWS』一〇二号、熱帯林行動ネットワーク、二〇一五年五月）
「インドネシア——環境NGOのAPPとAPRILへの抗議行動と、IFCの荒れ地植林計画」（『紙パ技協誌』六四巻二号、紙パルプ技術協会、二〇一〇年二月）
「インドネシア　無数の島々とそこに生息する生き物たち」（『ニュートン』二〇一五年三月）

第Ⅲ章

『紙パルプ　日本とアジア　二〇一五』（紙業タイムス社、二〇一四年）
『草生樹——産業植林とその利用』岩崎誠ほか編（海青社、二〇一二年）
『紙業タイムス年鑑　二〇一四』（紙業タイムス社、二〇一四年）
『紙類及びパルプの輸出入通関実績統計年報　平成二六年』（日本紙類輸出組合・日本紙類輸入組合、二〇一五年）
『紙パルプ　企業・工場データブック　二〇一四』（紙業タイムス社、二〇一三年）
『紙製品の購入と利用のてびき』（熱帯林行動ネットワーク、二〇〇八年）
『もうひとつの熱帯林破壊』（熱帯林行動ネットワーク、二〇〇三年）
『知っておきたい紙パの実際　二〇一五』（紙業タイムス社、二〇一五年）

第Ⅳ章

『ヤシの生活誌』阿部登（古今書院、一九八九年）
『パーム油・パーム核油の利用』加藤秋男編（幸書房、一九九〇年）
『熱帯アジアの人々と森林管理制度』市川昌広／生方史数／内藤大輔編（人文書院、二〇一〇年）
『アブラヤシ・プランテーション　開発の影』岡本幸江編（日本インドネシアNGOネットワーク、二〇〇二年）
『カリマンタン／ボルネオにおけるアブラヤシ農園拡大とその影響』（同志社大学人文科学研究所、二〇一三年）
「インドネシアにおけるオイルパーム市場の成熟化とその効果」中島亨／アムズル・リフィン／松田浩敬（『農業経営研究』四九巻二号、日本農業経営学会、二〇一一年九月）
「特集　二〇一五年の油脂原料見通し　パーム油」（『月刊油脂』六八巻三号、二〇一五年三月）
「アブラヤシ農園開発による森林消失にともなう気候変動への影響」中司喬之（『インドネシア　ニュースレター』八八号、日本インドネシアNGOネットワーク、二〇一五年四月）
『我が国の油脂事情』（農林水産省食品製造卸売課、二〇一四年）
「マレーシア、パーム油産業の発展と資源利用型キャッチアップ工業化」小井川広志（『アジア経済』五六巻二号、アジア経済研究所、二〇一五年六月）
『紙パルプ産業と環境　二〇一五』（紙業タイムス社、二〇一四年）
『現代インドネシアを知るための六〇章』村井吉敬／佐伯奈津子／間瀬朋子編（明石書店、二〇一三年）
「インドネシア・パーム油の需給」Arifin Panigoro（『Bio fuel』一四号、東京タスクフォース、二〇一四年四月）
「インドネシア・パーム油産業　二〇一三年の実態とBDF義務付けおよびエネルギー政策」グンビラ・サイッド（『Bio fuel』一五号、東京タスクフォース、二〇一四年八月）
「油脂産業と自由貿易体制――エネルギーの安定供給のためのインドネシア技術投資」仲西賢剛（『月刊油脂』

六六巻九号、二〇一三年九月）
『ARCレポート　二〇一五／一六』（ARC国別情勢研究会、二〇一五年）
「開発と『村の仕事』」増田和也（『東南アジア・南アジア　開発の人類学』信田敏宏／真崎克彦編、明石書店、二〇〇九年）
『概説インドネシア経済史』宮本謙介（有斐閣、二〇〇三年）
『世界の食料生産とバイオマスエネルギー』川島博之（東京大学出版会、二〇〇八年）
『熱帯雨林のポリティカル・エコロジー』金沢謙太郎（昭和堂、二〇一二年）
「オイルパーム産業──近未来複合エネルギー製造・バイオマス利用システムとして」飯山賢治／金貞福（『コンバーテック』四六七号、加工技術研究会、二〇一二年二月）
「大規模アブラヤシ農園開発に代わる『穏やかな産業化』の可能性」河合真之／井上真（『林業経済』六三巻七号、林業経済研究所、二〇一〇年一〇月）

第Ⅴ章

『ボルネオの〈里〉の環境学』市川昌広／祖田亮次／内藤大輔編（昭和堂、二〇一三年）
『熱帯雨林の生態学』井上民二（八坂書房、二〇〇一年）
「インドネシア森林セクター主要法令集（仮訳）の概要」宮川秀樹（『海外の森林と林業』七七号、国際緑化推進センター、二〇一〇年一月）

第Ⅵ章

「ジャワのコミュニティ林を訪ねて」岡本幸江（『インドネシア　ニュースレター』八五号、日本インドネシアNGOネットワーク、二〇一四年四月）
「インドネシア慣習社会にみる森林保全の在り方」神頭成禎（『佛大社会学』三八号、佛教大学社会学研究会、

二〇一四年三月）
「アジアの森林利用、管理の仕組み 一四――インドネシア 上」井上真（『グリーン・パワー』四三四号、森林文化協会、二〇一五年二月）
「『シンガポール煙害』過去最悪、インドネシアで発生」（『朝日新聞』二〇一三年六月二一日）
『東南アジアの低湿地』（農林水産省熱帯農業研究センター、一九八六年）
「東南アジアにおける森林管理をめぐる環境史」田中耕司（『環境と歴史学』水島司編、勉誠出版、二〇一〇年）
「住民参加型森林管理のさらなる普及に向けて」中司喬之（『JATAN NEWS』九四号、熱帯林行動ネットワーク、二〇一三年五月）
『インドネシア　森の暮らしと開発』増田和也（明石書店、二〇一二年）

エピローグ

「インドネシアが挑む環境改革」ニチン・コカ（『ニューズウィーク日本版』二〇一五年三月三日）
「天然林伐採中止を宣言」（『読売新聞』二〇一三年二月二五日）
「インドネシアの木材合法性証明制度」柱本修（『海外の森林と林業』八八号、国際緑化推進センター、二〇一三年九月）

著者紹介

内田道雄（うちだ・みちお）

フォトジャーナリスト．

1962 年，埼玉県生まれ．

週刊誌専属カメラマンを経て，1990 年よりフリー．

タイ，フィリピン，マレーシア，インドネシアなどの環境問題，少数民族の取材を続けている．

著書：『サラワクの風——ボルネオ・熱帯雨林に暮らす人びと』
（現代書館，1999 年）
『消える森の謎を追う——インドネシアの消えゆく森を訪ねて』
（創栄出版，2005 年）

燃える森に生きる
——インドネシア・スマトラ島　紙と油に消える熱帯林

2016 年 5 月 25 日　初版第 1 刷発行

著　者＝内田道雄
発行所＝株式会社 新 泉 社
東京都文京区本郷 2－5－12
振替・00170－4－160936番　TEL 03(3815)1662　FAX 03(3815)1422
印刷・製本　萩原印刷

ISBN978-4-7877-1603-3　C0036